Leuphana Universität Lüneburg
Institut für Produkt- und Prozessinnovation, Band 2

Methode zur Kompensierung des Streulichtanteils bei
der kontinuierlichen Modulationsinterferometrie

SV SierkeVerlag

Methode zur Kompensierung des Streulichtanteils bei der kontinuierlichen Modulationsinterferometrie

Von der Fakultät III – *Umwelt und Technik*
der Leuphana Universität Lüneburg

zur Erlangung des Grades
Doktor der Naturwissenschaften (Dr. rer. nat.)
genehmigte Dissertation

von Steffen Klein
aus Lüneburg

September 2010

Gutachter: Prof. Prof. h.c. Dr. rer. nat. Anthimos Georgiadis
Leuphana Universität Lüneburg
Prof. Dr.-Ing. Ulrich Berger
Brandenburgische Technische Universität Cottbus

Bibliografische Information der Deutschen Nationalbibliothek – CIP-Einheitsaufnahme
Die Deutsche Bibliothek verzeichnet diese Publikation in der Deutschen Nationalbibliografie;
detaillierte bibliografische Daten sind im Internet über <http://dnb.ddb.de> abrufbar.

Dissertation, Leuphana Universität Lüneburg, 2010

Steffen Klein
**Methode zur Kompensierung des Streulichtanteils bei
der kontinuierlichen Modulationsinterferometrie**

ISBN 13: 978-3-86844-288-5

© **SV** SierkeVerlag
Am Steinsgraben 19 · 37085 Göttingen
Tel. 0551- 503664-7 · Fax 0551-3894067
www.sierke-verlag.de

Einbandlayout: Grafik Leuphana Universität / Claudia Schlutter

Das Werk einschließlich aller Abbildungen ist urheberrechtlich geschützt. Jede Verwertung außerhalb der Grenzen des Urheberrechtsgesetzes ist ohne Zustimmung des Verlages unzulässig und strafbar. Das gilt insbesondere für Vervielfältigungen, Übersetzungen, Mikroverfilmungen und die Einspeicherung und Verarbeitung in elektronischen Systemen.

1. Auflage 2010

Für meine Familie

Vorwort

Diese Arbeit entstand im Rahmen meiner Forschungsaktivitäten bei der Inosens GmbH sowie als wissenschaftlicher Mitarbeiter der Leuphana Universität Lüneburg am Institut für Produkt- und Prozessinnovation.

Mein besonderer Dank gilt meinem Doktorvater Herrn Prof. Prof. Dr. Anthimos Georgiadis und Herrn Prof. Dr. Carsten Koch von der Fachhochschule Emden/Leer für die Möglichkeit zur Promotion. Die zahlreichen gemeinsamen Diskussionen haben mir wertvolle Anregungen gegeben, die maßgeblich zum Gelingen dieser Arbeit beigetragen haben.

Herrn Prof. Dr. Ulrich Berger von der Brandenburgischen Technischen Universität Cottbus (BTU Cottbus) danke ich für die Bereitschaft als Gutachter bei meiner Promotion zu wirken.

Weiterhin gilt mein Dank Herrn Prof. Dr. Wolfgang Ruck, dem Vorsitzenden der Promotionskommission, für die administrative Betreuung der Promotion.

Meinen Kollegen danke ich für die hervorragende Unterstützung bei der Durchführung der zahlreichen und teilweise sehr umfangreichen Experimente. Allen voran möchte ich hier Jan Papadoudis und Paul Grasztat nennen. Ebenso möchte ich auch allen Kollegen danken, die durch ihre fachliche Unterstützung sowie durch die zahlreichen wertvollen Diskussionen und Anregungen die Fertigstellung dieser Arbeit erleichtert haben.

Meinen Eltern und ganz besonders meiner Frau danke ich für ihr Verständnis und ihre unermüdliche Unterstützung.

Steffen Klein, im September 2010

Inhaltsverzeichnis

Vorwort	VII
Abstract	XI
Kurzfassung	XIII
Abbildungsverzeichnis	XV
Tabellenverzeichnis	XIX
Abkürzungsverzeichnis	XXI

1 Einleitung — 1
  1.1 Motivation — 2
    1.1.1 Ziel — 5
    1.1.2 Aufbau der Arbeit — 9
  1.2 Streulicht bei der klassischen Bildaufnahme — 9
  1.3 Vorausgegangene Arbeiten — 11

2 Grundlagen der kontinuierlichen Modulationsinterferometrie — 15
  2.1 Motivation — 16
  2.2 Mathematische Grundlagen — 16
  2.3 Physikalische Modellierung — 20
    2.3.1 Der Emitter — 21
    2.3.2 Die Szene — 23
    2.3.3 Der Detektor — 25
  2.4 Realisierung auf Halbleiterebene — 26
    2.4.1 Funktionsprinzip der Ladungsschaukel — 27
    2.4.2 Rauschverhalten — 31
    2.4.3 Steigerung der Messgenauigkeit — 33
  2.5 Zusammenfassung — 34

3 Messsystem und Reduzierung der prinzipbedingten Messfehler — 37
  3.1 Motivation — 38
  3.2 Charakteristika des Messsystems — 38
    3.2.1 Temperaturverhalten — 38
    3.2.2 Signal-Rausch-Verhältnis — 40
    3.2.3 Blendung — 41
    3.2.4 Bewegungsartefakte — 41
    3.2.5 Unterschiedliche Umgebungsbedingungen — 42
  3.3 Reduzierung der prinzipbedingten Messfehler — 43
    3.3.1 Abbildungsfehler — 43
    3.3.2 Messfehler durch die Abtastung des Messsignals — 49
    3.3.3 Fehlerbehaftete Intensitätsmessung — 54

	3.4	Zusammenfassung	62

4 Analyse der Streulichteffekte und Ansätze zur Kompensierung — 63
- 4.1 Motivation 64
- 4.2 Analyse der Streulichtquellen 65
  - 4.2.1 Ursachenanalyse 66
  - 4.2.2 Mathematisches Modell 68
  - 4.2.3 Analyse der möglichen Ursachen und Auswirkungen 73
- 4.3 Optische Streulichtunterdrückung 86
- 4.4 Algorithmische Streulichtkompensierung 87
- 4.5 Zusammenfassung 98

5 Messungen und Ergebnisse — 99
- 5.1 Motivation 100
- 5.2 Charakteristika des Messsystems 101
  - 5.2.1 Temperaturverhalten 101
  - 5.2.2 Signal-Rausch-Verhältnis 102
  - 5.2.3 Blendung 104
  - 5.2.4 Bewegungsartefakte 106
  - 5.2.5 Unterschiedliche Umgebungsbedingungen ... 106
- 5.3 Prinzipbedingte Messfehler 110
  - 5.3.1 Abbildungsfehler 110
  - 5.3.2 Abtastung des Messsignals 110
- 5.4 Streulichteffekte 114
  - 5.4.1 Optische Streulichtunterdrückung 114
  - 5.4.2 Algorithmische Streulichtkompensierung ... 123
- 5.5 Zusammenfassung 131

6 Zusammenfassung — 135
- 6.1 Ausblick 136

A Verwandte Messsysteme — 137
- A.1 Motivation 137
- A.2 Überblick über verfügbare 3D-ToF-Messsysteme ... 137
  - A.2.1 MLI 3D Sensor 137
  - A.2.2 SwissRanger SR4000 139
  - A.2.3 PMD[vision] S3 139

B Weitere Ergebnisse der Streulichtkompensierung — 149
- B.1 Motivation 149
- B.2 Szene A 149
- B.3 Szene B 153

Literaturverzeichnis 158
Stichwortverzeichnis 165
Über den Autor 167

Abstract

At this time, the first measuring systems which are based on the principle of the continuous modulation interferometry, also known as phase-depending or indirect time-of-flight measurement, are leaving the laboratories and become an interesting alternative to established classical measurement principles, like triangulation or stereo-vision.

Based on this acquisition method of the third dimension many measuring tasks can be solved easily that have been put up with numerous disadvantages in the past resulting in great efforts. In respect to this disadvantages, the reference is made to the stereo-vision approach whereas a huge amount of computing power is necessary determine the disparity map. Furthermore, this approach calls for the detection of the required feature points in both images.

Disadvantages, as already described in the paragraph before, don't apply on the measurement systems based on time-of-flight approach. However, these systems are subjected to other limitations caused by the underlying measurement principle itself and whose implementation results in measurement errors and -variations. The mathematical basics and the corresponding physical model are given to derive the errors and to develop adequate correction and calibrations methods.

In addition, there are other mainly external effects that corrupt the measured distance: the geometry of the regarded scene itself. In this context, two possible reasons or rather triggers have to be divided: on one hand multi-reflections within the scene and on the other hand, reflections caused by objects that are located in minor distance to the measurement system within its path of rays. These causes will be named *stray light* in the following.

For the first case, merely an estimation of the measurement error can be done using a simulation approach. Contrary to this, the error in the second case can safely be calculated by the information (distance and amplitude) that can be extracted from a taken shoot of the regarded scene.

The design of an appropriate method for compensation of the measurement error in the second case is taken center stage of this thesis. The designed method based on simplified scenes, generated in the laboratory, is validated on real scenes. The validation and verification of this method is confirmed by the use of established statistical tools.

Kurzfassung

Die ersten Matrix-Messsysteme zur Erfassung von drei-dimensionalen Strukturen, welche auf dem Prinzip der kontinuierlichen Modulationsinterferometrie, auch als phasenabhängige Lichtlaufzeitmessung bezeichnet, basieren, verlassen allmählich die Laboratorien und stellen damit eine interessante Alternative zu den klassischen Messverfahren dar.

Die Erfassung der dritten Dimension steigert die Anzahl lösbarer Messaufgaben signifikant. Eine Lösung dieser Aufgaben war zwar auch bisher möglich, allerdings waren hier erhebliche Nachteile in Kauf zunehmen. An dieser Stelle sei auf die Stereometrie verwiesen, welche einen hohen Rechenaufwand erfordert und voraussetzt, dass die zur Triangulation notwendigen Messpunkte in beiden Einzelbildern identifiziert werden.

Derartige Nachteile sind den Messsystemen, die auf dem Verfahren der Lichtlaufzeitmessung beruhen, fremd. Allerdings unterliegen auch diese Messsysteme Limitationen, die auf das zugrunde liegende Messprinzip und dessen Umsetzung zurückzuführen sind und Messfehler- und abweichungen zur Folge haben. Die mathematischen Grundlagen und ein physikalisches Modell des optischen Abbildungsprozesses dienen der Herleitung dieser Fehler und der Entwicklung von adäquaten Korrektur- bzw. Kompensierungsansätzen.

Darüber hinaus werden die Messdaten durch externe Einflüsse, vornehmlich bedingt durch die Geometrie der betrachteten Szene selbst, verfälscht. In diesem Zusammenhang gilt es, zwei verschiedene Ursachen bzw. Auslöser zu differenzieren: Auf der einen Seite Mehrfach-Reflektionen innerhalb der Szene und auf der anderen Seite Reflektionen, verursacht von Objekten, die sich in geringem Abstand zum Messsystem in dessen Strahlengang befinden; im Folgenden als *Streulicht* bezeichnet. Während für den ersten Fehlerfall lediglich eine Abschätzung des Messfehlers mittels Simulation möglich ist, können im Gegensatz dazu Messabweichungen, die auf den zweiten Fehlerfall zurückzuführen sind, anhand von den Informationen, die aus den Messdaten extrahiert werden können, kompensiert werden.

Im Mittelpunkt dieser Arbeit steht die Untersuchung der unterschiedlichen Einflussfaktoren auf die Messabweichungen, welche durch Streulicht verursacht werden, und der Entwurf einer Methode zur Kompensierung dieser Messabweichungen. Zu diesem Zweck wurden einfach konstruierte Szenen verwendet. Um die Allgemeingültigkeit der entworfenen Methode zu beweisen, wird diese auch auf reale Szenen übertragen.

Die Bewertung der Ergebnisse, die mit der entworfenen Methode erzielt wurden, erfolgt anhand von gängigen statistischen Werkzeugen.

Abbildungsverzeichnis

1.1	Messverfahren	3
1.2	Triangulation	4
1.3	Funktionsprinzip	6
1.4	Messdaten	7
1.5	Szenenbedingte Messabweichungen	8
1.6	Entstehung von Streulicht	10
1.7	Auswirkung von Streulicht	12
2.1	Regression der Korrelationsfunktion	18
2.2	Aufbau des Messsystems	21
2.3	Emitter	22
2.4	Szenenoberfläche	25
2.5	Detektor	26
2.6	Realisierung der Ladungsschaukel	28
2.7	Auslesevorgang	29
2.8	Hintergrundlichtunterdrückung	30
2.9	Signalkette	32
2.10	Rotation der Phasenansteuerung	34
3.1	Versuchsaufbau	39
3.2	Geänderter Versuchsaufbau	42
3.3	Vorverarbeitung	43
3.4	Perspektivische Projektion	46
3.5	Linsenverzerrungen	47
3.6	Ausprägungen der radialen Linsenverzerrung (schematische)	48
3.7	Ausprägungen der radialen Linsenverzerrung (reale Szenen)	48
3.8	Kalibrierkörper	49
3.9	Messfehler durch eine endliche Anzahl an Abtastpunkten	50
3.10	Messabweichungen der Referenzmessungen	52
3.11	Visualisierung der Bernsteinpolynome	54
3.12	Konstruktion einer Beziérkurve $n$ten-Grades	55
3.13	Regressionskurve für die Messabweichungen der Referenzmessungen	55
3.14	Anwendung der Regression	56
3.15	Absorption und Reflektion	58
4.1	Einfluss des Streulichts	64
4.2	Ursachen der szenenbedingten Messabweichungen	66
4.3	Beziehung von Szene und Messdaten	67
4.4	Interpretation der Messdaten	68
4.5	Visualisierung der Polardarstellung des Nutzlichts	69

4.6	Vektoraddition	70
4.7	Auswirkung des Streulichts	71
4.8	Anwendung der Zeigerdarstellung auf reale Messdaten	72
4.9	Nomenklatur der Größen des Messaufbaus	73
4.10	Objektgröße und -reflektivität der Objekte	74
4.11	Messprinzip des verwendeten Reflektometers	75
4.12	Objektreflektivität	76
4.13	Objektdistanz	77
4.14	Abdeckung des Sichtfeldes	78
4.15	Orientierung des Objekts	79
4.16	Hintergrundreflektivität	80
4.17	Einfluss der Hintergrunddistanz	81
4.18	Verschiedene Integrationszeiten	82
4.19	Messabweichungen durch eine komplexe Szenengeometrie	83
4.20	Einfluss der Szenengeometrie auf die Messdaten	84
4.21	Vergleich von verschiedenen Szenengeometrien	85
4.22	Vorverarbeitung mit Streulichtkompensierung	88
4.23	Soll-Ist-Vergleich	89
4.24	Segmentierung	90
4.25	Indizierung der Amplitudenwerte	91
4.26	Distanz-Reflektivität-Abhängigkeit	94
4.27	Abhängigkeit der gemessenen Distanz von der Objektgröße	95
4.28	Abhängigkeit der gemessenen Distanz von der Objektposition	96
4.29	Ermittlung der notwendigen Korrektur	97
5.1	Funktionsweise der Eliminierung von Hintergrundstrahlung	101
5.2	Messsystem	102
5.3	O3. Temperaturverhalten	103
5.4	O3. Signal-Rausch-Verhältnis	103
5.5	O3. Blendung	105
5.6	O3. Bewegungsartefakte	107
5.7	O3. Umgebungslicht 1/2	108
5.8	O3. Umgebungslicht 2/2	109
5.9	Linsenverzerrung	110
5.10	Vergleich der Ein- und Ausgangsdaten	111
5.11	Distanzinformation	112
5.12	Grafische Auswertung	114
5.13	Anwendung der Distanzkalibrierung	115
5.14	Messaufbau zur optischen Vermessung des Abbildungssystems	117
5.15	Kontrastübertragungsverhalten bei Durchlicht	119
5.16	Kontrastübertragungsverhalten bei Durch- und Fremdlicht	120
5.17	Steigerung der Performance	121
5.18	Rohdaten	124
5.19	Algorithmische Streulichtkompensation - Zwischenschritt	124
5.20	Algorithmische Streulichtkompensation - Distanzkalibrierung	125
5.21	Distanzkalibrierung	126
5.22	Vorher-Nachher-Vergleich der Messdaten	127
5.23	Bewertung des Streulichtkompensierung	128
5.24	Messaufgabe	130

5.25	Anwendung der Distanzkalibrierung	130
5.26	Anwendung der Distanzkalibrierung	131
5.27	Anwendung der Streulichtkompensierung	132
5.28	Korrektur der Amplitudeninformationen	132
A.1	Übersicht über verwandte Messsysteme	138
A.2	S3. Temperaturverhalten	142
A.3	S3. Signal-Rausch-Verhältnis	143
A.4	S3. Blendung	144
A.5	S3. Bewegungsartefakte	145
A.6	S3. Umgebungslicht 1/2	146
A.7	S3. Umgebungslicht 2/2	147
B.1	Rohdaten	150
B.2	Algorithmische Streulichtkompensierung - Zwischenschritt	150
B.3	Algorithmische Streulichtkompensierung - Distanzkalibrierung	151
B.4	Distanzkalibrierung	151
B.5	Vorher-Nachher-Vergleich der Messdaten	152
B.6	Rohdaten	154
B.7	Algorithmische Streulichtkompensierung - Zwischenschritt	154
B.8	Algorithmische Streulichtkompensierung - Distanzkalibrierung	155
B.9	Distanzkalibrierung	156
B.10	Vorher-Nachher-Vergleich der Messdaten	157

Tabellenverzeichnis

2.1	Bestrahlungsstärken	23
2.2	Hintergrundlichtunterdrückung	30
3.1	Einteilung der Quadranten	40
4.1	Ergebnisse der Reflektivitätsmessung	74
5.1	O3. Eigenschaften des Messsystems	104
5.2	O3. Messergebnisse für das Signal-Rausch-Verhältnis	104
5.3	O3. Messergebnisse für das Blendverhalten	106
5.4	Messabweichung der Rohdaten	113
5.5	Gegenüberstellung der Indikatoren	116
5.6	Szenen-Eigenschaften	123
5.7	Vergleich der Korrekturverfahren	126
5.8	Gegenüberstellung der Korrekturverfahren	129
A.1	MLI. Eigenschaften des Messsystems	139
A.2	SR4000. Eigenschaften des Messsystems	140
A.3	S3. Eigenschaften des Messsystems	141
A.4	S3. Messergebnisse für das Signal-Rausch-Verhältnis	141
A.5	S3. Messergebnisse für das Blendverhalten	142
B.1	Szenen-Eigenschaften	149
B.2	Vergleich der Korrekturverfahren	153
B.3	Szenen-Eigenschaften	153
B.4	Vergleich der Korrekturverfahren	156

Abkürzungsverzeichnis

AGV	Automated Guided Vehicle
CCD	Charged Coupled Device
CMOS	Complementary Metal-Oxide Semiconductor
dB	Dezibel
FTS	Fahrerloses Transportsystem
HDR	High Dynamic Range
LED	Light Emitting Diode
LUT	Look-up table
MMS	Mensch-Maschine-Schnittstelle
MOS	Metal Oxide Semiconductor
MTF	Modulationstransferfunktion
NHTSA	National Highway Traffic Safety Administration
OTF	Optische Transferfunktion
PMD	Photonic Mixer Device
PSF	Punktbildfunktion (*engl.* point spread function)
QED	Quantenelektrodynamik
SBI	Suppression of Background Illumination
SNR	Signal-Rausch-Verhältnis (signal-to-noise ratio)
ToF	Time-of-Flight

Kapitel 1

Einleitung

1.1	Motivation	2
	1.1.1 Ziel	5
	1.1.2 Aufbau der Arbeit	9
1.2	Streulicht bei der klassischen Bildaufnahme	9
1.3	Vorausgegangene Arbeiten	11

1.1 Motivation

Die zunehmende Verbreitung von intelligenten Sensorsystemen hat in den vergangenen Jahren auch bei der optischen Sensorik einen Entwicklungsschub verursacht, welcher bedeutende Innovationen zur Folge hatte. Als Ursache hierfür ist zum Einen die Automobilindustrie zu nennen, welche durch die Ankündigung neuer Richtlinien und Gesetzesänderungen, wie die Richtlinie [6] von der National Highway Traffic Safety Administration (NHTSA), aufgefordert war, zur Steigerung der aktiven und passiven Sicherheit die Entwicklung innovative Sensorsysteme, auch auf optischer Basis, voranzutreiben. Die Bestrebungen der Automobilindustrie in diesem Bereich werden anhand zahlreicher Veröffentlichungen [14][18][24][28][62][74][77][81] verdeutlicht. Demgegenüber stehen zum Anderen die Anstrengungen im Bereich der industriellen Automation, durch den Einsatz optischer Sensorik komplexe Aufgabenstellungen, wie die Einrichtung bzw. Überwachung von verschiedenen Sicherheitszonen bei Personenschutzsystemen bei fahrerlosen Transportsystemen (FTS), auch als Automated Guided Vehicle (AGV) bezeichnet, und bei Fertigungs- bzw. Bearbeitungszentren, sicher handhabbar zu machen. Verschiedenen Ansätze um notwendige Sicherheit zu gewährleisten werden in [41][53][59][79][86] präsentiert.

Zu diesen bedeutenden Innovationen zählt auch die Entwicklung von Bildsensoren mit einem hohen optischen Dynamikbereich[1], so genannte hochdynamische (HDR) Bildsensoren, wie sie von Koch in [34] vorgestellt werden. Bedingt durch ihren hohen Dynamikumfang liefern derartige Bildsensoren auch unter kritischen Beleuchtungsverhältnissen, wie frontaler Sonneneinstrahlung, aussagekräftige Intensitätswerte. Bei konventionellen Bildsensoren würden aufgrund des reduzierten Dynamikumfangs bei Aufnahmen derartiger Szenen Über- bzw. Unterbelichtungen auftreten.

Allein der große Dynamikumfang reduziert jedoch nicht den numerischen Aufwand, um Objekte mit einem Bildsensor zu vermessen bzw. zu klassifizieren, welche lediglich durch die Intensitätswerte der betrachteten Szene repräsentieren werden. Diese Aufwände können jedoch reduziert werden, wenn anstelle oder zusätzlich zu den einzelnen Intensitätswerten die Distanz von dem Sensor zu dem jeweils betrachteten Element einer Szene bekannt ist.

Durch das Wissen über die Entfernung zu jedem beliebigen Objekt der betrachteten Szene ist es auch mit geringem Aufwand möglich, diese Objekte hinsichtlich ihrer Länge und Breite robust zu vermessen.

Dreidimensionale Erfassung von Oberflächen Nach den Ausführungen von Park, Rapp und Schneider in [66][70][80] existieren mehrere unterschiedliche Ansätze zur dreidimensionale Erfassung von Oberflächen. Die Mehrzahl dieser Ansätze lässt sich, wie in Abbildung 1.1 dargestellt, nach dem ihnen zu Grunde gelegten Messprinzip in zwei Kategorien aufteilen: Triangulation und Laufzeit.

Da keines dieser Messprinzipien dem Anderen in allen Belangen überlegen ist, muss abhängig von den Rahmenbedingungen der gestellten Messaufgabe entschieden werden, welches Prinzip besser geeignet ist. Ferner ist auch nicht zu erwarten, dass in absehbarer Zukunft ein Messverfahren für die dreidimensionale Erfassung von Oberflächen entwickelt wird, welches allen Ansprüchen bzw. Anwendungsfällen gerecht wird.

---

[1]Der Begriff *Dynamikbereich* steht in diesem Zusammenhang für die Differenz aus dem hellsten und dem dunkelsten gemessenen Intensitätswerts der betrachteten Szene, angegeben in Dezibel [dB].

1.1. Motivation

Wie Lange bereits in [45] ausgeführt hat, bringen aktive und passive Triangulationssysteme (*Stereometrie* bzw. *Streifenlichtprojektion*) vor allem Nachteile der Abschattung und der Mehrdeutigkeit mit sich. Zudem erfordern ins Besondere die Verfahren, die auf die passive Triangulation zurückzuführen sind, signifikante bzw. kontrastreiche Merkmale, die zur Distanzbestimmung in beiden Einzelbildern enthalten sein müssen. Die Gewinnung der Distanzinformation ist bei diesen Verfahren mit einem hohen Rechenaufwand verbunden. Aber auch die Verfahren der optischen Interferometrie implizieren Nachteile. Hier sind zum Einen die Anfälligkeit derartiger Sensorsysteme gegen dynamische Szenen bzw. nicht statische Messabläufe sowie die vergleichsweise geringe Distanzauflösung zu nennen.

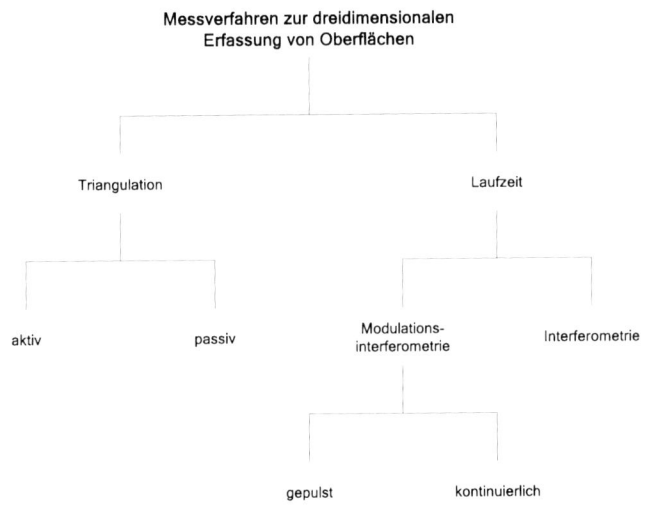

Abbildung 1.1: Überblick über die **Messverfahren** zur dreidimensionalen Erfassung von Oberflächen

Daneben existieren allerdings auch Sonderfälle, die sich nicht eindeutig einer dieser Kategorien zuordnen lassen, wie beispielsweise das von Yoon in [89] vorgestellte, so genannte **Shape from Shading**-Verfahren, bei dem die Distanzinformationen über den Gradienten des von dem betrachteten Objekt geworfenen Schattens bestimmt wird. Allerdings sind hierzu zwei Intensitätswertbilder notwendig, bei denen die Position des Bildsensors unverändert, die der verwendeten externen Beleuchtung jedoch variiert wurde.

Triangulation Das Prinzip der Triangulation gründet auf der Auswertung der von der betrachteten Szene reflektierten optischen Strahlung hinsichtlich geometrischer Beziehungen. Die Ansätze, die diesem Messprinzip zugeordnet sind, teilen sich auf in die aktive und die passive Triangulation (*siehe* Abbildung 1.2).

Bei der passiven Triangulation, auch als Stereoskopie bezeichnet, wird die betrachtete Szene mit zwei Bildsensoren aus unterschiedlichen Betrachtungswinkeln aufgenommen. Wird anstelle eines zweiten Bildsensors eine aktive optische Strahlenquelle eingesetzt, spricht man von aktiver Triangulation oder Struktur- bzw. Streifenlichtprojektion. Die geometrischen Beziehungen ergeben sich aus ebenen Dreiecken, welche durch die einzelnen Bildpunkte der aufnehmenden Sensoren bzw. durch die aktive optische Strahlenquelle mit der betrachteten Szene gebildet werden.

Der Nachteil dieses Prinzips, der von Koch in [32] beschrieben wird, ist die Abhängigkeit von der Oberflächenbeschaffenheit der betrachteten Szene, da die Aufnahme von kontrastreichen Einzelbildern essentiell ist. Auf der anderen Seite wirkt sich das Auftreten von Abschattungseffekten nachteilig aus. Diese treten auf, wenn die Betrachtungswinkel der Bildsensoren bzw. aktiven optischen Strahlenquelle groß sind, wodurch Bereiche entstehen, die nicht von beiden Bildsensoren erfasst bzw. von der optischen Strahlenquelle nicht beleuchtet werden können.

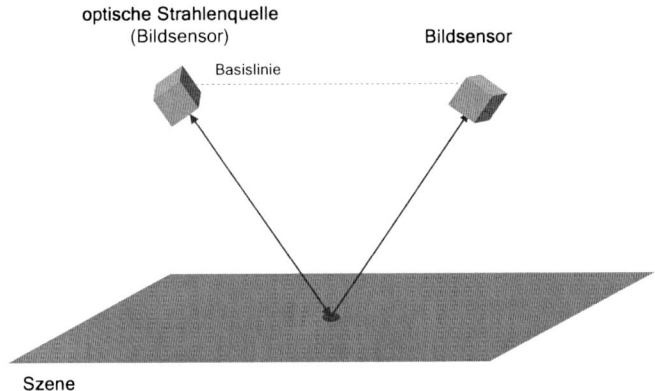

Abbildung 1.2: Schematische Gegenüberstellung der aktiven und passiven **Triangulation**

Laufzeit Bei Verfahren, die auf diesem Prinzip beruhen, wird der Abstand vom Bildsensor zur betrachteten Szene über die Laufzeit des Echos und die Ausbreitungsgeschwindigkeit bestimmt. Diese limitiert jedoch auch die Genauigkeit, denn für eine Auflösung der Entfernung vom einem Millimeter müsste die Messung der Laufzeit des Lichts mit einer Genauigkeit von 6,6 Pikosekunden durchgeführt werden.

Ein Ansatz zur Lösung dieses Problems ist die optische Interferometrie, bei der kohärentes Licht konstruktiv bzw. destruktiv überlagert und aus dem resultierenden Interferenzmuster die Distanz bestimmt wird. Die erzielbare Genauigkeit der Distanzmessung liegt bei einem Bruchteil der verwendeten Wellenlänge des Lichts.

Bei der Modulationsinterferometrie wird auf kohärentes Licht verzichtet, da die Interferenz nicht zur Distanzbestimmung herangezogen wird, sondern die Amplitude, welche mit einer konstanten Frequenz moduliert wird. Darüber hinaus verspricht dieser Verzicht

1.1. Motivation

einen großen Messbereich mit einem, verglichen mit der optische Interferometrie, hohen Eindeutigkeitsbereich. Die Verfahren, denen das Prinzip der Modulationsinterferometrie zugrunde liegt, kommen ohne jegliche bewegliche mechanische Komponenten aus, woraus ein hoher Grad an Robustheit resultiert. Wie in Abbildung 1.1 gezeigt, werden diese Verfahren gemäß der Form des verwendeten Modulationssignals unterschieden in: kontinuierliche und gepulste Verfahren. Den einzelnen Verfahren, die diesen beiden Kategorien zugeordneten sind, sind monokular. Beispiele für Sensorsysteme, die auf dem Prinzip der Modulationsinterferometrie basieren, sind sowohl in Kapitel 5 als auch in Anhang A gegeben.

Bei Verwendung eines kontinuierlichen Modulationssignals errechnet sich die Distanzinformation aus der Phasenverzögerung zwischen dem ausgesendeten und dem, von der betrachteten Szene, reflektierten Signal, welche proportional zum Abstand ist. Ein wesentlicher Nachteil dieses Systems liegt in dem eingeschränkten Eindeutigkeitsbereich, welcher von der Frequenz des Modulationssignals abhängig ist. Wird anstelle des Kontinuierlichen ein gepulstes Modulationssignal verwendet, existiert diese Problematik nicht. Allerdings werden nach den Ausführungen von Schneider in [80] für diese Verwendung des gepulstes Modulationssignal kurze Pulse und schnelle Shutter notwendig. Beiden Verfahren ist gemein, dass sie tolerant gegenüber etwaiger Hintergrundbeleuchtung, dafür aber stark abhängig von den Reflektionseigenschaften der Objekte der betrachteten Szene sind. Verfahren, die ein gepulstes Modulationssignal verwenden, werden von Mengel in [54][55] und Bamji bzw. Gvili in [1][20] präsentiert.

1.1.1 Ziel

Eine verbreitete Möglichkeit der Distanzmessung zu den Objekten der betrachteten Szene ist, wie in Abschnitt 1.1 beschrieben, die kontinuierliche Modulationsinterferometrie, welche oft auch als Lichtlaufzeitmessung oder Time-of-Flight-Verfahren (ToF) bezeichnet wird. Sensoren, die auf diesem Prinzip beruhen, ähneln klassischen Bildsensoren, bei denen der Signalwert eines einzelnen Bildpunktes proportional zur Intensität der betrachteten Szene ist. Jedoch sind bei derartigen Sensoren die einzelnen Signalwerte nicht proportional zur Intensität, sondern proportional zur Entfernung des abgebildeten Objektes der Szene. Mit einer einzigen Aufnahme der beobachteten Szene ist Entfernung zu jedem Objekt der Szene (abgebildet in einem Bildpunkt des Sensors) bestimmt.

Wie in Abbildung 1.3 dargestellt, emittieren diese Sensoren einen homogenen Lichtkegel mit modulierter Intensität, beispielsweise in Form eines Sinus, welches die betrachtete Szene beleuchtet und von dieser reflektiert wird. Die Wellenlänge des, von der aktiv modulierten Lichtquelle, ausgesendeten Signals liegt vorzugsweise im Bereich des nicht sichtbaren nahen Infrarotlichts. Das reflektierte Signal wird von einem Detektor empfangen, der in seiner Struktur einem konventionellen Bildsensor ähnelt. Durch eine Korrelation des emittierten und empfangenen Signals kann eine Phasenverschiebung ermittelt werden, welche einer Distanzinformation entspricht. Hierzu werden die von dem Detektor empfangenen Photonen im photosensitiven Halbleiterbereich in Elektronen umgewandelt und entfernungsabhängig in unterschiedlichen Ladungsträgerschaukeln, ausführlich beschrieben in Kapitel 2.3, getrennt. Somit stellt das resultierende Ausgangssignal eines jeden Bildpunktes eine direkte Beziehung zur eigentlichen Distanzinformation der betrachteten Szene her. Die Visualisierung der Distanzinformation erfolgt, wie in Abbildung 1.4 dargestellt, mittels einer Tiefenkarte in Falschfarben-Darstellung.

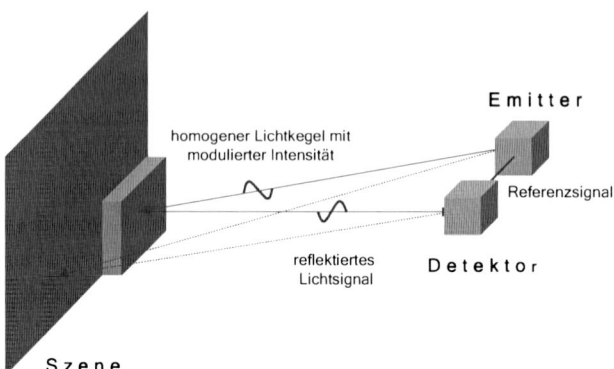

Abbildung 1.3: Funktionsprinzip von Matrix-Messsystemen, basierend auf dem Prinzip der kontinuierlichen Modulationsinterferometrie

Ist im Folgenden von einem Messsystem die Rede, beinhaltet dieses sowohl den Emitter und den Detektor, wie in Abbildung 1.3 dargestellt.

Das Verfahren der kontinuierlichen Modulationsinterferometrie ist, bedingt durch das ihm zu Grunde liegenden Prinzip und den Aufbau des Messsystems, vornehmlich der Optik, anfällig für Messfehler und -abweichungen. Die prinzipbedingten Messfehler und -abweichungen resultieren vornehmlich aus der eigentliche Entfernung zu den Objekten der betrachteten Szene und aus deren Reflektionseigenschaften. Es gibt, wie in Kapitel 3.3 beschrieben, unterschiedliche Methoden, diese zu kompensieren.

Weitaus komplexer gestaltet sich die Reduzierung bzw. Kompensierung der Messfehler und -abweichungen, welche sich auf die Optik des Messsystem zurück-führen lassen. Sofern (Stör-) Objekte in den Strahlengang des Messsystems eingefügt werden, deren Abstand zum Messsystem gering ist, treten analog zu klassischen Bildsensoren basierend auf der CCD- oder CMOS- Technologie, Streulichteffekte und Geisterbilder auf. Die Reduzierung dieser Effekte durch Modifikationen der Optik ist in zahlreichen wissenschaftlichen Veröffentlichungen wie von Lange und Kleiner in [44] bzw. [29] beschrieben. Diese Modifikationen reduzieren die Messfehler bzw. -abweichungen zwar, können sie aber nicht vollständig eliminieren. Die verbleibenden Messfehler bzw. -abweichungen sind für die Verarbeitung von Intensitätswertbildern noch akzeptabel, allerdings verursachen sie bei der Arbeit mit Entfernungswertbildern eine sogenannte Distanzkrümmung oder auch Distanzkürzung, welche das Verfahren für Aufgaben, bei denen exakte Messdaten vorausgesetzt werden, unbrauchbar macht.

Die Analyse dieser verbleibenden Messfehler bzw. -abweichungen und der Entwurf einer Methode zur Kompensierung dieser ist das Ziel dieser Arbeit.

1.1. Motivation

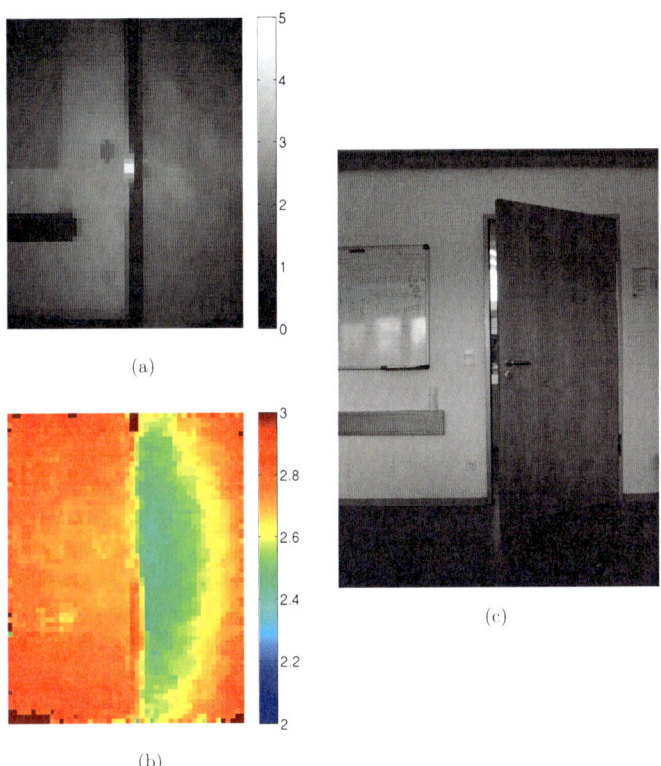

Abbildung 1.4: Messdaten Lichtlaufzeit-Messsysteme stellen mit einer einzigen Messung für jeden Bildpunkt sowohl die Distanzinformation als auch den Intensitätswert zur Verfügung: (a) Intensitätsinformation, (b) Distanzinformation und (c) die betrachtete Szene aufgenommen mit einem herkömmlichen Bildsensor.

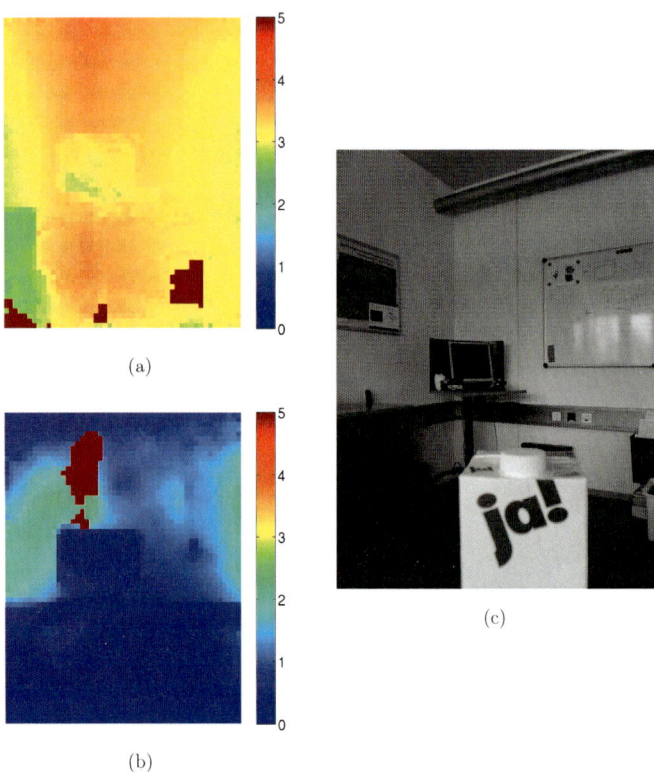

Abbildung 1.5: Die **szenenbedingten Messabweichungen** lassen sich bei einer direkten Gegenüberstellung der Distanzmessungen deutlich erkennen: (a) ohne streulichtverursachendes Objekt, (b) mit streulichtverursachendem Objekt und (c) die betrachtete Szene aufgenommen mit einem herkömmlichen Bildsensor.

1.1.2 Aufbau der Arbeit

In Kapitel 2 werden die theoretischen Grundlagen der kontinuierlichen Modulationsinterferometrie aufgezeigt. Dieses beinhaltet zum Einen die Beschreibung der mathematischen Grundlagen, auf welchen das verwendete Messverfahren beruht. Auf der anderen Seite wird ein physikalisches Modell präsentiert, welches das optische System derartiger Messsysteme beschreibt und als Basis für spätere Herleitungen der Messfehler bzw. -abweichungen dient.

Das dritte Kapitel befasst sich mit der Untersuchung des Messsystem hinsichtlich von Messfehlern und -abweichungen, welche ursächlich sind in dem verwendeten Messprinzip selbst oder verursacht durch externe Einflussgrößen werden. Es beginnt mit der Aufstellung der Charakteristika des Messsystems und endet mit einer Reflektion bzw. Weiterentwicklung der bekannten Ansätze zur Kompensierung der prinzipbedingten Messfehler und -abweichungen. Die, auf diese Art und Weise, korrigierten Messdaten stellen eine fundierte Basis für die Analyse der Streulichtproblematik dar.

Darauf folgend werden in Kapitel 4 die Messdaten im Hinblick auf die Einflüsse des Streulichts untersucht. Unter Einbeziehung der, im zweiten Kapitel, vorgestellten Grundlagen wird ein Modell präsentiert, welches den Einfluss des Streulichts auf die Messdaten veranschaulicht. Zunächst werden Möglichkeiten aufgezeigt, sich der Ursache der Streulichtproblematik optisch anzunehmen. Diese optische Unterdrückung löst das Problem allerdings nicht vollständig, so dass zusätzlich eine algorithmische Kompensierung des verbleibenden Streulichtanteils notwendig ist. Diese wird im Anschluss erläutert.

In Kapitel 5 erfolgt dann die Vorstellung des Messsystems, auf das die, in den vorhergehenden Kapiteln, vorgestellten Methoden und Ansätzen zur Korrektur bzw. Kalibrierung der Messabweichungen angewendet werden. Danach werden die durchgeführten Messungen und Versuche im Detail beschrieben und die erzielten Ergebnisse bzw. Verbesserungen präsentiert.

Die Arbeit endet mit einer Zusammenfassung und einem Ausblick auf weitere Ansatzpunkte zur Kompensierung des Streulichtanteils in Kapitel 6.

1.2 Streulicht bei der klassischen Bildaufnahme

Das Auftreten von Streulicht bei der optischen Abbildung der betrachteten Szene ist für die Bildverarbeitung ein wesentlicher Störfaktor. Die Ursachen gehen vor allem auf die Konstruktion bzw. Güte des verwendeten optischen Systems und auf optische Strahlenquellen oder stark reflektierende Oberflächen außerhalb des Strahlengangs zurück.

Streulicht tritt bei jeder optischen Abbildung einer Szene auf einen Bildsensor auf. Es ist, wie in [4] beschrieben, die Folge von Lichtstrahlen, die innerhalb des optischen Abbildungssystems fehlgeleitet wurden. Diese Problematik lässt sich auch durch eine hochwertige Oberflächenvergütung nicht eliminieren, da trotz dessen geringe Anteile der Lichtstrahlen *falsch* reflektiert werden, gelangt das Streulicht auf den Bildsensor und vor allem dunkle Bildbereiche werden überstrahlt. Die Entstehung von Streulicht ist in Abbildung 1.6 dargestellt.

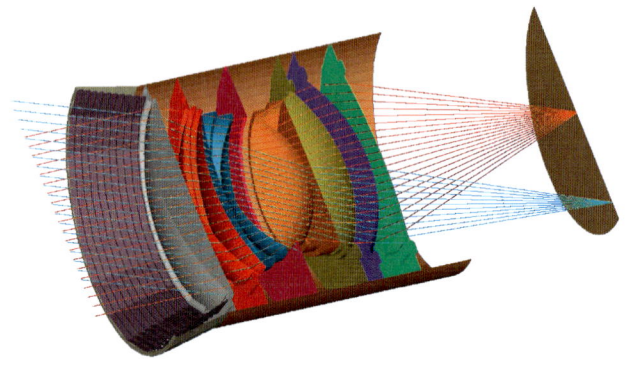

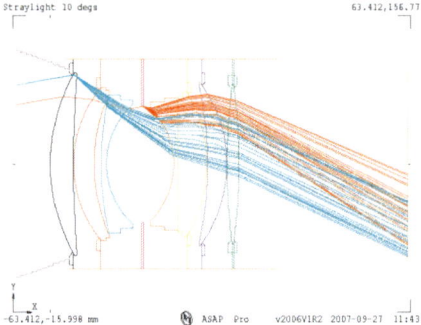

Abbildung 1.6: Entstehung von Streulicht Die *obere* Abbildung zeigt den virtuellen Prototyp eines optischen Abbildungssystems, ergänzt um solche Mechanik-Komponenten, die zu einer Verringerung des Streulichtanteils führen können. Ergänzend dazu zeigt die *untere* Abbildung zwei Strahlengänge, die im Wesentlichen zum verursachten Streulicht beitragen. Die Abbildung wurde mit der nicht-sequenzielle Raytraycing-Software ASAP erstellt, mit deren Hilfe sich Streulicht bereits im Designprozess erkennen und reduzieren lässt bzw. Fehlentwicklungen vermieden werden können.
Quelle. [44]

Sofern der Effekt flächig auftrifft, wirkt sich dieser in Form eines verminderten Kontrastes aus. Maßgebender sind die Auswirkungen, wenn partielles Streulicht nur einige Bildelemente beeinflusst. Maßgebliche Ursache für die Entstehung dieser Art von Streulicht sind starke Lichtquellen innerhalb der betrachteten Szene, wie beispielsweise die Sonne.

Ein probates Mittel bei der klassischen Bildaufnahme diese Aufgabenstellung zu bewältigen, ist die Verwendung von speziellen Sonnenblenden (oft auch als Streulichtblenden bezeichnet), welche exakt auf die jeweilige Brennweite des optischen Abbildungssystems zugeschnitten sind.

Durch die Streulichtblende soll verhindert werden, dass seitlich einfallende Lichtstrahlen an Elementen des optischen Abbildungssystems reflektiert werden und so auf den Bildsensor gelangen. Die Unterdrückung derartiger Lichtreflektionen durch eine Streulichtblende führt allerdings auch oft zur Erzeugung weiterer Reflektionen, auch *Lens Flares* genannt. Weiterhin zeigen derartige Blenden bei Aufnahmen mit direktem Gegenlicht wie beispielsweise bei Sonnenuntergängen keine Wirkung. Auch die Entstehung von Geisterflecken oder anderen Reflexionen, die durch Lichtquellen innerhalb der betrachteten Szene entstehen, können naturgemäß nicht durch eine Streulichtblende verhindert werden.

Der negative Einfluss des Streulichts ist auch in der Astrometrie zu beobachten, wo die Intensitätswerte beobachteter Sterne bzw. Sternkonstellationen im Vergleich zum auftretenden Umgebungslicht gering sind.

Zahlreiche Veröffentlichung zum Thema *Entwurf von optischen Abbildungssystemen* beschreiben interessante Ansätze, wie das von Lange in [44] vorgestellte Verfahren, für den Entwurf von streulichtoptimierten Abbildungssystemen. Jedoch können auch diese, vermeintlich idealen, Optiken die Entstehung von Streulicht nicht ganzheitlich unterdrücken.

1.3 Vorausgegangene Arbeiten

Allein die Tatsache, dass diese Technologie mannigfaltige Aufgabenstellungen aus den Bereichen Messen und Klassifizieren zu lösen vermag, hat die Forschungsaktivitäten auf diesem Teilgebiet der drei-dimensionalen Erfassung von Oberflächen signifikant ansteigen lassen. Die Ursprünge dieses Verfahrens sind weit verstreut über den Erdball, mit dem Schwerpunkt im mitteleuropäischen Raum. Zeitgleich wurden am Zentrum für Sensorsysteme (ZESS) der Universität Siegen durch Prof. Dr. Schwarte[2] [82][83][84] und am Centre Suisse d' Electronique et de Microtechnique (CSEM) [48][46] die Grundsteine für den hohen technologischen Reifegrad dieses Verfahrens gelegt. Die Messung der Phasenverzögerung erfolgt dabei indirekt mittels Korrelation in dem jeweiligen Bildpunkt.

Beiden Forschungseinrichtungen ist gemein, dass die Weiterentwicklung bzw. die Vermarktung und der Vertrieb dieser Technologie ausgegründet wurde. Die Ausgründung des ZESS der Universität Siegen, die PMDTechnologies GmbH, ist benannt nach dem so genannten Photomischdetektor, auch *Photonic Mixer Device* (PMD) genannt, der Ladungsträgerschaukel, welche die von dem Sensor empfangenen Photonen in Abhängigkeit von dem Referenzsignal entfernungsselektiv trennt. Irrtümlicherweise wird in vielen Publikationen und Veröffentlich-ungen das Verfahren der kontinuierlichen Modulationsinterferometrie mit dem Terminus *PMD-Technologie* gleichgesetzt.

---
[2]Prof. Dr. Rudolf Schwarte (* 08. Januar 1939) gilt als Vater der Technologie, für deren Entwicklung er 2005 das Verdienstkreuz 1. Klasse des Verdienstordens der Bundesrepublik Deutschland verliehen bekam.

(a)

(b)

Abbildung 1.7: **Die Auswirkungen von Streulicht bei der klassischen Bildaufnahme** lassen sich beispielsweise beim Auftreten von flächigem, den Kontrast reduzierendem, Streulicht durch Verwendung so genannter Streulichtblenden verhindern. Für diese Aufnahmen wurde von Sandbrink in [76] die Beleuchtung auf die Szene gerichtet (90°): Dabei wird in (a) lediglich die Beleuchtung eingesetzt, was ein sehr ungleichmäßig ausgeleuchtetes Bild mit harten Schatten und einem zu dunklen Vordergrund zur Folge hat. Der Einsatz einer Streulichtblende in (b), führt zu einer verbesserten Ausleuchtung des Bildes und zu einem weniger dunklen Vordergrund.
Quelle. [76]

1.3. Vorausgegangene Arbeiten

Die Bezeichnung dieses Halbleiterbauelements zur Entfernungsmessung bei der Ausgründung des CSEM, der MESA Imaging AG, lautet Demodulationspixel und unterscheidet sich in seiner Funktionsweise nur infinitesimal. Auf diese beiden Unternehmen gehen auch zahlreiche Modifikationen, wie beispielsweise eine Hintergrundlichtunterdrückung (auch als *Suppression of Background Illumination* oder SBI bezeichnet), der ursprünglichen Struktur der Ladungsträgerschaukel zurück. Eine weitere wichtige Erweiterung dieser Struktur geht auf IEE S.A. zurück, einem luxemburgischen Unternehmen, welches die Rechte an der Technologie vom CSEM erworben hat. Es handelt sich um einen optischen Bypass, welcher auch als *Light Guide* bezeichnet wird und das emittierte, modulierte Lichtsignal direkt auf einige Demodulationspixel des Sensors weiterleitet. Dieses hat den entscheidenden Vorteil, dass auch der Alterungsprozess von optischen Bauteilen, wie den LEDs, berücksichtigt wird, wodurch über den gesamten Lebenszyklus des Sensors reproduzierbare Messergebnisse gewährleistet werden können. Für diese Erweiterungen hält die IEE S.A. verschiedene europäische und internationale Patente, wie [5] und [42][43].

Unabhängig von diesen europäischen Bestrebungen gibt es in Nordamerika und Asien ebenfalls Entwicklungen in diese Richtung. Die amerikanische Canesta, Inc. fokussiert mit ihrer Unternehmensstrategie auf den Einsatz der Technologie als Mensch-Maschine-Schnittstelle (MMS) für aktuelle Spielkonsolen wie die Nintendo Wii, als Ersatz für die bisherigen Eingabegeräten, der so genannten Nunchuk-Erweiterung. Das verwendete Verfahren wird von Gokturk in [17][15][16] beschrieben. Die Realisierung des Verfahrens aus dem asiatischen Raum ist weitgehend unbekannt. Trotz intensiver Recherche sind nur wenige Informationen hierzu auffindbar. Zu diesen wenigen Informationen zählt unter anderem, dass die Entwicklung auf den Elektronikkonzern Panasonic Electric Works Co., Ltd. [63] zurückgeht.

Alle hier beschriebenen Entwicklungen basieren auf dem Prinzip der kontinuierlichen Modulationsinterferometrie; eine Unterscheidung ist jedoch anhand folgender Merkmale möglich:

- das zugrunde liegende Herstellungsverfahren
  (CCD, CMOS oder ein CCD/CMOS-Mischprozess),
- die Form des genutzten Modulationssignals
  (Sinus- oder Rechtecksignal) und
- die verwendete Modulationsfrequenz und
  damit auch der Eindeutigkeits- bzw. Messbereich.

Neben der Steigerung der Performance dieser Messsysteme durch die Optimierung des Auslesevorgangs der eingesammelten Photonen oder die Auswertung der Messung des Referenzsignals, werden auch algorithmische Ansätze entworfen, die Messgenauigkeit zu verbessern. Die Aktivitäten sind ebenfalls in dem Umfeld der beiden Technologieführer, der PMDTechnologies GmbH und der MESA Imaging AG angesiedelt.

Erste Anstrengungen die Messgenauigkeit der Entfernungsmessung zu verbessern, gehen auf Lange zurück, bei diesem, in [46] beschriebenen Ansatz, werden Look-up Tabellen genutzt, um die Messabweichungen zwischen der realen und der gemessen Entfernung zu einer ebenen Fläche zu unterschiedlichen Integrationszeiten abzulegen. Für davon abweichende Integrationszeiten erfolgt die Berechnung der zu kompensierenden Messabweichung mittels linearer Interpolation. Die von Kahlmann bzw. Lindner und Kolb in [27][49][50] vorgestellte Methode ist vom Grundsatz her ähnlich, kommt allerdings anstelle der Lookup Tabellen mit wesentlich weniger Parametern zur Korrektur der Messabweichungen aus. Der Kern dieses Ansatzes ist ein B-Spline, welcher die systematischen Messabweichungen zwischen den realen und den gemessen Entfernungen modelliert. Zusätzlich werden basierend auf einer linearen Funktion, eine vor- und eine nachgelagerte Anpassung durchgeführt.

Ein weiterer Ansatzpunkt für die Steigerung der Messgenauigkeit geht ebenfalls auf Lange zurück, welcher in [45] den Einfluss der Form des verwendeten Modulationssignals untersucht hat.

Kapitel 2

Grundlagen der kontinuierlichen Modulationsinterferometrie

2.1	Motivation	16
2.2	Mathematische Grundlagen	16
2.3	Physikalische Modellierung	20
	2.3.1 Der Emitter	21
	2.3.2 Die Szene	23
	2.3.3 Der Detektor	25
2.4	Realisierung auf Halbleiterebene	26
	2.4.1 Funktionsprinzip der Ladungsschaukel	27
	2.4.2 Rauschverhalten	31
	2.4.3 Steigerung der Messgenauigkeit	33
2.5	Zusammenfassung	34

2.1 Motivation

In diesem Kapitel wird das Messprinzip, welches der kontinuierlichen Modulationsinterferometrie zugrunde liegt, eingehend beschrieben. Neben den mathematischen Grundlagen stehen dabei die physikalische Modellierung einzelner Module des Messsystems und die Realisierung des Messprinzips in einen Halbleiterbauelement im Vordergrund.

Die Entfernungsinformation korrespondiert, wie in dem vorhergehenden Kapitel bereits erwähnt, mit der Phasenverschiebung zwischen dem, von der Oberfläche der Szene reflektierten, Lichtsignal und einem Referenzsignal. Die Ermittlung der Phasenverschiebung zwischen diesen beiden periodischen Signalen wird als Korrelationsfunktion bezeichnet. Im folgenden Abschnitt 2.2 wird die Herleitung dieser Korrelationsfunktion mathematisch beschrieben. Im Fortgang dieser Arbeit wird sich diese Herleitung zu Nutze gemacht, um die Messfehler und -abweichungen zu erläutern.

Für die Erklärung des Auftretens dieser Messfehler und -abweichungen, ist neben den mathematischen Grundlagen jedoch auch die physikalische Modellierung jener Module nötig, in die optische und optoelektronische Bauelemente integriert sind. Diese Modellierung, welche in Abschnitt 2.3 aufgezeigt wird, beschreibt den Pfad, den die Photonen vom Emitter zum Detektor zurücklegen.

Darüber hinaus wird in Abschnitt 2.4 die Funktionsweise der so genannten Ladungsschaukel erläutert. Diese Ladungsschaukeln setzen das mathematische Verfahren der Korrelationsfunktion direkt auf Halbleiterebene um. Bei der Realisierung dieses Messverfahren besteht jeder Bildpunkt des Sensors aus mindestens einer Ladungsschaukel, um das detektierte Lichtsignal, abhängig von der Phase des Referenzsignals, zu integrieren.

2.2 Mathematische Grundlagen

Die mathematische Grundlage für die Ermittlung der Phasenverschiebung zweier periodischer Signale, und damit auch der kontinuierlichen Modulationsinterferometrie, ist die Korrelationsfunktion. Diese Korrelationsfunktion, welche direkt in dem jeweiligen Bildpunkt des Sensors gemessen wird, ist nach Lange in [46][47] durch folgende Parameter eindeutig definiert: die modulierte Amplitude A, den Offset B und die entfernungsabhängige Phasenverschiebung φ_d. In der Theorie ist die Korrelationsfunktion bestimmt, sofern die exakte Form des Modulationssignals bekannt ist. In dem Fall, dass die Messung der Korrelationsfunktion diskret erfolgt und nur eine bestimmte Anzahl an Abtastpunkten pro Periode aufgenommen wird, müssen die oben aufgeführten Parameter aus einer Regression der Korrelationsfunktion abgeleitet werden. Die Anzahl der vorhandenen Abtastpunkte hat einen signifikanten Einfluss auf die Genauigkeit der Regression: Je mehr Abtastpunkte aufgenommen werden, desto ist genauer die Regression der Korrelationsfunktion. Dieser Aspekt wird auch von Hess und Kraft in [22][37] dargelegt.

Sowohl Lange als auch Rapp zeigen in [46] und [70] das die Korrelationsfunktion rekonstruierbar ist, wenn mindestens drei Abtastpunkte pro Periode aufgenommen werden. Durch Verwendung von vier Abtastpunkten werden die Algorithmen jedoch einfacher und weniger störanfällig. Einem Abtastpunkt entspricht die Anzahl der Elektronen, welche zur jeweiligen Phase, innerhalb der Integrationszeit durch integrierten Photonen freigesetzt werden.

Die Rekonstruktion der Korrelationsfunktion ist in Abbildung 2.1 veranschaulicht.

2.2. Mathematische Grundlagen

In Abhängigkeit des Referenzsignals (**grau**) werden die Abtastpunkte des empfangenen Lichtsignals (**schwarz**) aufgenommen. Der jeweils für die Aufnahme der Abtastpunkte integrierte Bereich ist **grau** dargestellt. Die an die vier Abtastpunkte angepasste Regression der Korrelationsfunktion ist in dem unteren Diagramm der Abbildung skizziert.

Da die Korrelationsfunktion mit vier diskret aufgenommenen Abtastpunkten rekonstruiert wird, handelt es sich hierbei um eine Regression. Dieses führt dazu, dass es infinitesimale Abweichungen zu dem eigentlichen periodischen empfangenen Lichtsignal gibt, was zu Fehler in der Entfernungsmessung führt. Dieser Effekt wird als *wiggling error* oder *aliasing* bezeichnet, der unter anderem von Lange und Schmidt in [46][71] präsentiert wird.

Im Folgenden wird die Berechnung der Phasenverschiebung, und dementsprechend auch der dazu proportionalen Entfernung, unter Anwendung der Regression einer diskret aufgenommenen Korrelationsfunktion hergeleitet.

In Gleichung 2.1 wird die Strahlungsleistung $\Phi(t,\varphi)$ beschrieben, die auf ein einzelnes Bildelement des Bildsensors wirkt. Die Entfernungsinformation in der Gleichung ist durch die Phasenverschiebung φ_d impliziert.

$$\Phi(t,\varphi_d) = G_0 + R \cdot \sin(\omega t + \varphi_d) \tag{2.1}$$

Φ : Strahlungsleistung auf ein Bildelement $[W]$
G_0 : unmodulierter Lichtanteil $[W]$
R : Reflektionsamplitude $[W]$

Das Referenzsignal, definiert in Gleichung 2.2, ist mit der Strahlungsleistung $\Phi(t,\varphi)$ gleich frequent. Anstelle der entfernungsabhängigen Phasenverschiebung wird in dieser Gleichung eine wählbare Phasenverschiebung τ_x berücksichtigt, welche die Phase des jeweiligen Abtastpunkts x anzeigt.

$$U_n(t,\tau_x) = U_0 + U \cdot \sin(\omega t + \tau_x) \tag{2.2}$$

U : Demodulationsamplitude $[V]$
U_0 : Gleichanteil $[V]$
τ_x : wählbare Phasenverschiebung
     zwischen Modulation und Demodulation $[rad]$

Mathematisch berechnet sich die Korrelationsfunktion der beiden Signale, aus dem Integral ihres Produkts. Das Integrationsintervall entspricht dabei einem Vielfachen der Periodendauer. Bei der Herleitung des Ergebnisses muss, wie von Schneider in [80] gezeigt, berücksichtigt werden, dass das Integral von periodischen, harmonischen Signalen in ωt über ganze Vielfache der Periodendauer keinen Betrag hat.

18   Kapitel 2. Grundlagen der kontinuierlichen Modulationsinterferometrie

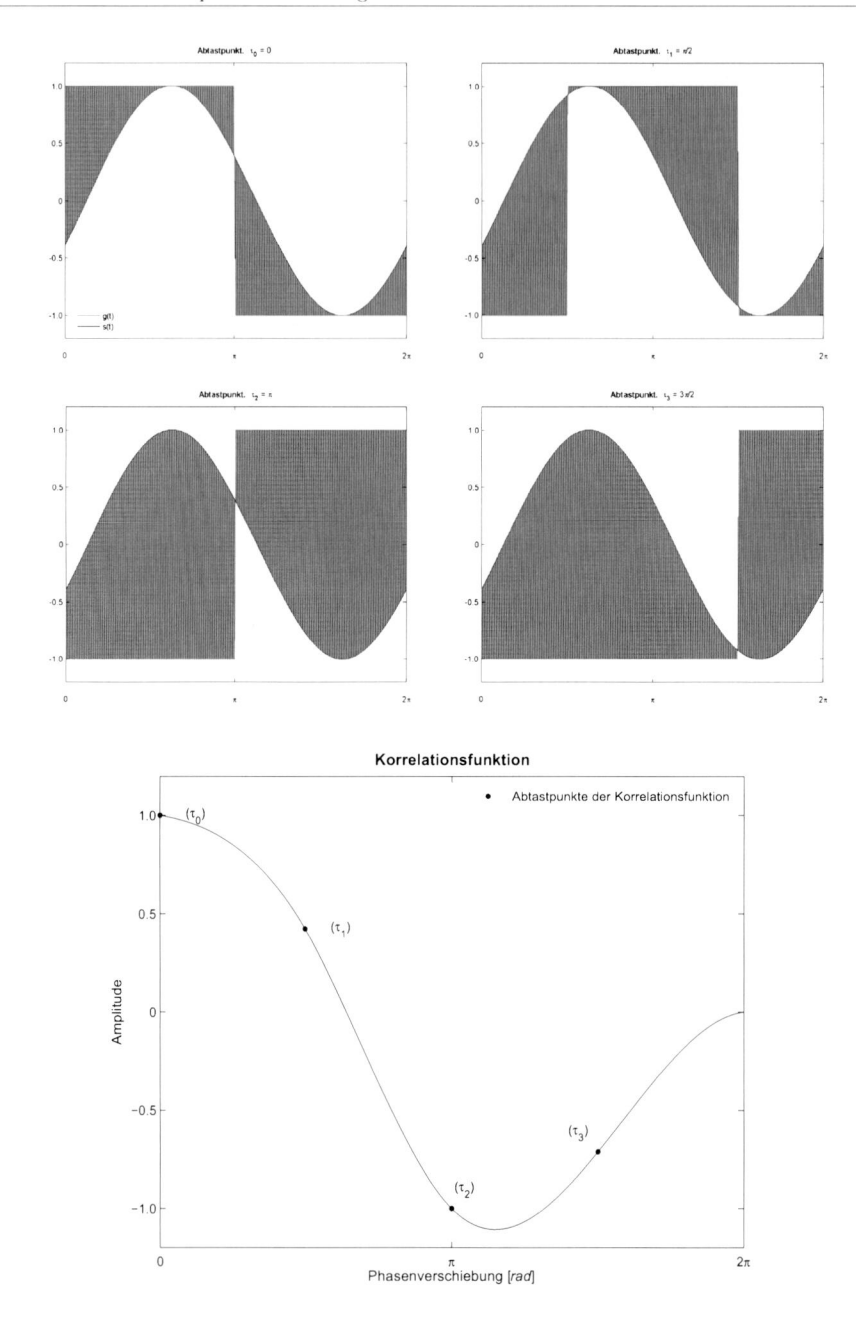

Abbildung 2.1: Die **Regression der Korrelationsfunktion** erfolgt in realen Systemen in den meisten Fällen mit einem Rechtecksignal als Referenz; das empfangene optische Signal ist jedoch, bedingt durch die Nichtlinearität der LEDs, eher sinusförmig.

2.2. Mathematische Grundlagen

$$\begin{aligned}
C_n(\varphi_d, \tau_x) &= \Phi(t, \varphi_d) \otimes U_n(t, \tau_x) \\
&= \frac{S}{e} \int_0^{nT_p} (U_{tau_x}(t, \tau_x) \cdot \Phi(t, \varphi_d)) dt \\
&= \frac{S}{e} \int_0^{nT_p} (U_0 G_0 + UR \sin(\omega t + \tau_x) \cdot \sin(\omega t + \varphi_d)) dt + \\
&\quad \underbrace{\frac{S}{e} \int_0^{nT_p} (U_0 R \sin(\omega t + \tau_x) + (U G_0 \sin(\omega t + \varphi_d))) dt}_{=0} \\
&= \frac{S}{e} U_0 G_0 n T_p + \\
&\quad \frac{S}{e} UR \int_0^{nT_p} \left(\cos \tau_x \cos \varphi_d \sin^2(\omega t) + \sin \tau_x \sin \varphi_d \cos^2(\omega t) \right) dt + \\
&\quad \underbrace{\frac{S}{e} UR \int_0^{nT_p} \left(\cos \tau_x \sin(\omega t) \cos(\omega t) + \sin \tau_x \sin(\omega t) \cos(\omega t) \right) dt}_{=0} \\
&= \frac{S}{e} U_0 G_0 n T_p + \frac{S}{2e} U R n T_p (\cos \tau_x \cos \varphi_d + \sin \tau_x \sin \varphi_d) \\
&= \frac{S}{e} U_0 G_0 n T_p + \frac{S}{2e} U R n T_p \cos(\varphi_d - \tau_x) \quad (2.3)
\end{aligned}$$

S : Sensitivität $\left[\frac{A}{W}\right]$
e : Elementarladung $[As]$
nT_p : Vielfaches der Periodendauer T_p $\left[\frac{2\pi}{\omega}\right]$

Bei der Auflösung des Integrals der Korrelationsfunktion in Gleichung 2.3 wird eines der trigonometrischen Additionstheoreme zur Vereinfachung herangezogen. Infolge der Auflösung wird der Faktor S zur Charakterisierung der Sensitivität eingeführt, dieser beschreibt die Empfindlichkeit des verwendeten Halbleitermaterials.

Die Terme, die in Gleichung 2.3 den unmodulierten Hintergrundlichtanteil und die modulierten Signalanteil ausdrücken, werden durch nachfolgenden Symbole.

$$K = \frac{S}{e} U_0 G_0 n T_p \quad (2.4)$$

$$a = \frac{S}{2e} U R n T_p \quad (2.5)$$

K : unmodulierter Hintergrundlichtanteil $[V]$
a : modulierter Signalanteil $[V]$

Durch Einsetzen der, in den Gleichungen 2.4f definierten Symbole, ergibt sich für Gleichung 2.3 folgende vereinfachte Schreibweise:

$$C_n(\varphi_d, \tau_x) = K + a \cdot \cos(\varphi_d - \tau_x) \tag{2.6}$$

Die Phasen der vier Abtastpunkte, die für die Rekonstruktion der Korrelationsfunktion herangezogen werden, sind, wie neben Lange in [48] auch Büttgen in [3] ausführt, spezifiziert als $x = [0°\ 90°\ 180°\ 270°]$. Das Einsetzten dieser Phasen in Gleichung 2.6 führt zu den, in den Gleichung 2.7 gegebenen, Definitionen der Abtastpunkte.

$$\begin{aligned} C_0(\varphi_d, \tau_{0°}) &= K + a \cdot \cos(\varphi_d) \\ C_1(\varphi_d, \tau_{90°}) &= K + a \cdot \cos(\varphi_d - \tfrac{\pi}{2}) &= K + a \cdot \sin(\varphi_d) \\ C_2(\varphi_d, \tau_{180°}) &= K + a \cdot \cos(\varphi_d - \pi) &= K - a \cdot \cos(\varphi_d) \\ C_3(\varphi_d, \tau_{270°}) &= K + a \cdot \cos(\varphi_d - \tfrac{3\pi}{2}) &= K - a \cdot \sin(\varphi_d) \end{aligned} \tag{2.7}$$

Die Berechnung der Parameter, die die Korrelationsfunktion eindeutig definieren, ist nach den Ausführungen von Spirig in [85] in den Gleichungen 2.8ff gegeben.

$$A = \sqrt{\frac{(C_3 - C_1)^2 + (C_0 - C_2)^2}{2}} \tag{2.8}$$

$$B = \frac{C_0 + C_1 + C_2 - C_3}{4 \cdot \Delta t} \tag{2.9}$$

$$\varphi_d = \arctan \frac{C_3 - C_1}{C_0 - C_2} \tag{2.10}$$

Der Offset B der rekonstruierten Korrelationsfunktion repräsentiert, wie sowohl Oggier als auch Ringbeck in [60] und [73] erläutern, die Intensitätsinformation. Abschließend ist in Gleichung 2.11 die Berechnung der Entfernungsinformation aufgezeigt, die proportional zur Phasenverschiebung φ_d ist.

$$d = \frac{c}{2\omega} \cdot \varphi_d \tag{2.11}$$

φ_d : entfernungsabhängige Phasenverschiebung $[rad]$
ω : Modulationsfrequenz $\left[\tfrac{1}{s}\right]$
c : Lichtgeschwindigkeit $\left[\tfrac{m}{s}\right]$
d : Entfernung $[m]$

2.3 Physikalische Modellierung

Neben den mathematischen Grundlagen dient die physikalische Modellierung des Messsystems der Herleitung der prinzipbedingten Messfehler und -abweichungen. Der prinzipielle Aufbau eines Messsystems, das auf dem Prinzip der kontinuierlichen Modulationsinterferometrie beruht, ist in der Abbildung 2.2 veranschaulicht.

Der Emitter setzt sich im Wesentlichen aus einer Lichtquelle, welche ein diffuses Licht-

2.3. Physikalische Modellierung

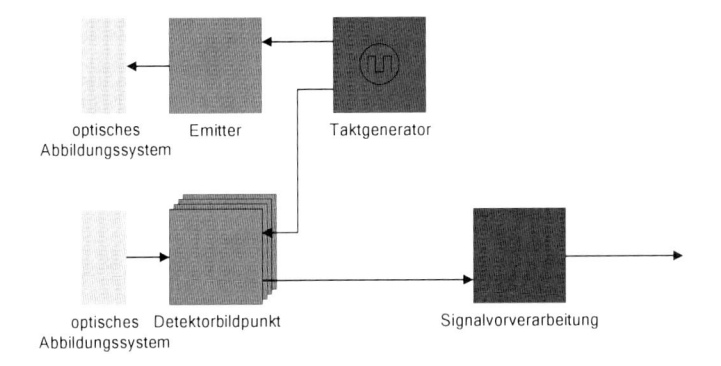

Abbildung 2.2: Aufbau des Messsystems Neben dem Emitter, besteht ein derartiges Messsystem aus dem Detektor und der nachgelagerten Signalverarbeitung.

Das Lichtsignal mit modulierter Intensität, ausgesendet von dem Emitter, wird von der Szenenoberfläche reflektiert und von dem Detektor phasenabhängig in Ladungsschaukeln integriert. Im Zuge der Signalverarbeitung werden die in den Ladungsschaukeln generierten Potentiale in digitale Werte umgewandelt, die der Entfernungsinformation entsprechen.

signal mit modulierter Intensität aussendet, und einem abbildenden optischen System zusammen. Dieses emittierte Lichtsignal wird auf der Oberfläche der Szene abgebildet und von dieser remittiert. Die Wellenlänge des ausgesendeten Lichtsignals liegt dabei in dem Spektralbereich des nahen Infraroten, in direktem Anschluss an den sichtbaren Bereich. Ein optoelektronisches Halbleiterbauelement, das in seiner Struktur einem konventionellen Bildsensor ähnelt, ist neben einer Optik der wesentliche Bestandteil des Detektors, welches das remittierte Lichtsignal empfängt. Im Unterschied zum konventionellen Bildsensor, werden allerdings die einfallenden Photonen in dem photosensitiven Bereich des Halbleiterbauelements in Elektronen umgewandelt und abhängig von einem Referenzsignal in so genannten Ladungsschaukeln, vergleiche Abschnitt 2.4, integriert. Durch die Korrelation des Referenzsignals, welches der Modulation des emittierten Lichtsignals entspricht, und dem empfangenen Lichtsignal wird die Phasenverschiebung ermittelt, die proportional zur Entfernungsinformation ist.

Im Folgenden wird, ergänzend zu diesem beiden Modulen auch die Oberfläche der Szene modelliert, da deren optische Beschaffenheit für die Herleitung der Messfehler und -abweichungen ebenfalls ein hoher Stellenwert beizumessen ist. Die physikalische Modellierung ist im weiteren Verlauf an [80] angelehnt.

2.3.1 Der Emitter

Der Emitter besteht aus einem abbildenden optischen System und einer Lichtquelle. Durch das optische Abbildungssystem wird das, von der Lichtquelle emittierte, Lichtsignal mit modulierter Intensität diffus abgestrahlt. In Abbildung 2.3 wird der Aufbau des Moduls skizziert, nachfolgend die physikalische Modellierung des Moduls aufgestellt.

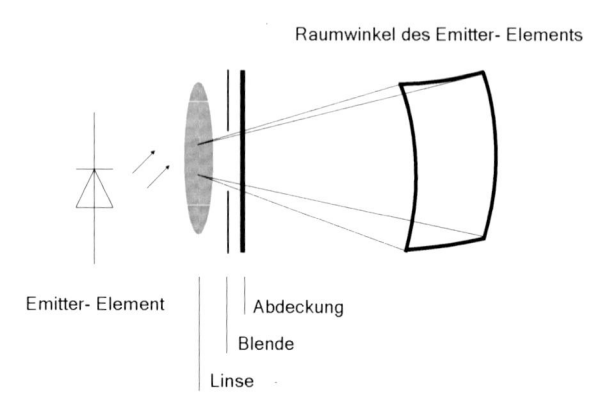

Abbildung 2.3: Neben den LEDs, die ein intensitätsmoduliertes Lichtsignal emittieren, umfasst der **Emitter** ein optisches Abbildungssystem, welches aus einer Anordnung von Linsen, einer Blende und einer Abdeckung zusammengesetzt ist und einer diffuse Verteilung des emittierten Lichtsignals dient und den belichteten Bereich auf der Szenenoberfläche festlegt.

Die Strahlungsleistung Φ_E des Emitters gibt die Strahlungsenergie an, die pro Zeiteinheit von elektromagnetischen Wellen transportiert wird. Diese setzt sich, nach Gleichung 2.12, zusammen aus der mittleren Strahlungsleistung der Lichtquelle, vermindert um die Transmission des optischen Abbildungssystems.

$$\Phi_E = P_E \cdot \tau_E \qquad (2.12)$$

Φ_E : Strahlungsleistung am Ausgang des Emitters $[W]$
P_E : mittlere Strahlungsleisutng der Lichtquelle $[W]$
τ_E : Transmission des optischen Abbildungssystems

Aus dieser Strahlungsleistung resultiert für die belichtete Region der Szenenoberfläche die Bestrahlungsstärke E_E. Diese Region ist definiert durch die Charakteristika der Optik, hier impliziert durch den Raumwinkel Ω_E, und die Entfernung r des Messsystems zur Szene. Ferner werden der Winkel $\cos(\alpha_B)$ und der Koeffizient k_a bei der Modellierung berücksichtigt. Der Winkel $\cos(\alpha_B)$ wird von der optischen Achse des Emitters und der Oberflächennormalen der Szene aufgespannt; der Koeffizient k_a gibt den Einfluss des Ausbreitungsmediums auf die Ausbreitung von elektromagnetischen Wellen wieder. Für die Ausbreitung von Infrarotstrahlung in Luft bei Normalbedingungen beträgt er nach [80] $k_a = 5.12 \cdot 10^{-4} \frac{1}{m}$.

2.3. Physikalische Modellierung

$$E_E(r) = \frac{\Phi_E}{\Omega_E \cdot r^2} \cdot \cos(\alpha_E) \cdot exp^{-k_a \cdot r} \tag{2.13}$$

E_E : Bestrahlungstärke auf der Szenenoberfläche $[W]$
Ω_E : Raumwinkel der Optik des Emitters
α_E : Neigung der optischen Achse zur Normalen der Szeneoberfläche $[rad]$
k_a : Ausbreitung von elektromagnetischen Wellen $[\frac{1}{m}]$

Raumwinkel des Emitters Der Raumwinkel des Emitters Ω_E wird durch den horizontalen und den vertikalen Öffnungswinkel der optischen Abbildungssystems definiert.

$$\Omega_E(\phi, \theta) = \int_0^\phi \int_{\frac{\pi}{2}+\frac{\theta}{2}}^{\frac{\pi}{2}-\frac{\theta}{2}} \sin\theta d\theta d\phi = \phi \cdot \left(\cos\left(\frac{\pi}{2} - \frac{\theta}{2}\right) - \cos\left(\frac{\pi}{2} + \frac{\theta}{2}\right)\right) \tag{2.14}$$

ϕ : horizontaler Öffnungswinkel $[rad]$
θ : vertikaler Öffnungswinkel $[rad]$

2.3.2 Die Szene

Ursächlich für die Ungenauigkeiten des Messsystems sind neben dessen Modulen auch die Eigenschaften der Szenenoberfläche und das in der Szene vorhandene Hintergrundlicht. In diesem Abschnitt wird daher auf beide Einflussgrößen näher eingegangen.

Hintergrundlicht Die maximale Strahlungsleistung der Sonnenoberfläche beträgt, wie in [33] aufgezeigt, ungefähr 60 MW/m². Allerdings erreicht, bedingt durch die immense Entfernung, nur ein Bruchteil dieser Leistung die Atmosphäre der Erde. Dieser variiert nach [12] aufgrund der exzentrischen Erdbahn.

In Tabelle 2.1 sind verschiedene Szenarien, mit den in Mitteleuropa gültigen Bestrahlungsstärken angegeben.

Szenario	Bestrahlungsstärke [W/m²]	Photonen [Anzahl/m²]
Sommer, Mittag	10^3	$3 \cdot 10^{21}$
Sonnenaufgang/-untergang	1	$3 \cdot 10^{18}$
Vollmond	10^{-4}	$3 \cdot 10^{14}$
Nacht, kein Mond	10^{-6}	$3 \cdot 10^{12}$

Tabelle 2.1: Bestrahlungsstärken für unterschiedliche Szenarien

Der Anteil des Hintergrundlichts E_H, der die Messung beeinträchtigt, kann, wie in Gleichung 2.15 aufgeführt, durch die Verwendung eines Interferenzfilters auf einen definierten Spektral- bzw. Wellenlängenbereich begrenzt werden.

$$E_H(\lambda) = E_H(\lambda) \cdot B_\lambda \tag{2.15}$$

$E_H(\lambda)$: spektrale Bestrahlungsstärke des Hintergrundlichts $[\frac{W}{m^2 nm}]$
B_λ : spektrale Breite des Interferenzfilters $[nm]$

Nach [80] ist die spektrale Bestrahlungsstärke für den Wellenlängenbereich von 800 bis 900nm mit $E_H(\lambda) = 0.8 \frac{W}{m^2 nm}$ als konstant anzunehmen.

Folglich setzt sich die Bestrahlungsstärke E_{Szene} nach Gleichung 2.16 sowohl aus der entfernungsabhängigen Bestrahlungsstärke des Emitters als auch aus der Bestrahlungsstärke des Hintergrundlichts zusammen, die unabhängig von der Entfernung r ist.

$$E_{Szene}(r) = E_E(r) + E_H(\lambda) \tag{2.16}$$

Die Strahlungsleistung $\Phi_{D'}(r)$, die auf ein einzelnes Bildelement des Detektors wirkt, ist abhängig von der virtuell auf der Szenenoberfläche abgebildeten bzw. projizierten Fläche $A_{Bildpunkt}$ des betreffenden Bildpunkts. Nach dem erste Strahlensatz steigt die Größe dieser Fläche quadratisch zur Entfernung r an. Der Winkel $\cos\alpha_R$, der die Lage der Oberflächennormalen zur optischen Achse des jeweiligen Bildpunkts angibt, verhält sich hingegen umgekehrt proportional zur projizierten Fläche des Bildpunkts.

Für die Berechnung der Strahlungsleistung $\Phi_{D'}(r)$ ist, wie in Gleichung 2.17, lediglich der Anteil der Bestrahlungsstärke E_{Szene} relevant, der von der Szenenoberfläche diffus in den Halbraum reflektiert wird. Diese Oberfläche wird hierbei als Lambert'scher Strahler angenommen.

$$\begin{aligned}\Phi_{D'}(r) &= E_{Szene}(r) \cdot A_{Bildpunkt}(r) \cdot \gamma(r) \cdot \rho \\ &= E_{Szene}(r) \cdot \frac{\Omega_D \cdot r^2}{\cos(\alpha_R)} \cdot \gamma(r) \cdot \rho\end{aligned} \tag{2.17}$$

Ω_D : Raumwinkel des Bildpunkts des *Detektor* Moduls $[sr]$
ρ : Reflektionskoeffizient
$\gamma(r)$: prozentuale Abdeckung der virtuell abgebildeten Fläche
eines Bildpunkts

Analog zu dem Raumwinkel des Emitter Moduls Ω_E berücksichtigt der Raumwinkel Ω_D die Charakteristika des optischen Abbildungssystems des *Detektors* bzw. des detektierenden Bildpunkts, vergleiche 2.3.1. Der Reflektionskoeffizient gibt an, welcher Anteil der auftreffenden Strahlung von der Szenenoberfläche diffus in den Halbraum reflektiert wird. Der Faktor $\gamma(r)$ berücksichtigt Elemente der Szene, die kleiner als die virtuelle abgebildete Fläche eines Bildpunkts des Detektors sind.

Die Bestrahlungsstärke E_D, die auf den entsprechenden Bildpunkt des *Detektor* Moduls wirkt, ist nach Gleichung 2.18 sowohl von dem Reflektionswinkel α_D und von dem Raumwinkel Ω_L der diffusen Reflektion nach Lambert abhängig, als auch von der Entfernung r. Die Einbeziehung der Gleichung 2.17 verdeutlicht, dass die Bestrahlungsstärke E_D unabhängig von dem Reflektionswinkel α_D und der Entfernung r selbst ist. Die Unabhängigkeit von dem Reflektionswinkel α_D resultiert aus der Kompensation der Abnahme

2.3. Physikalische Modellierung

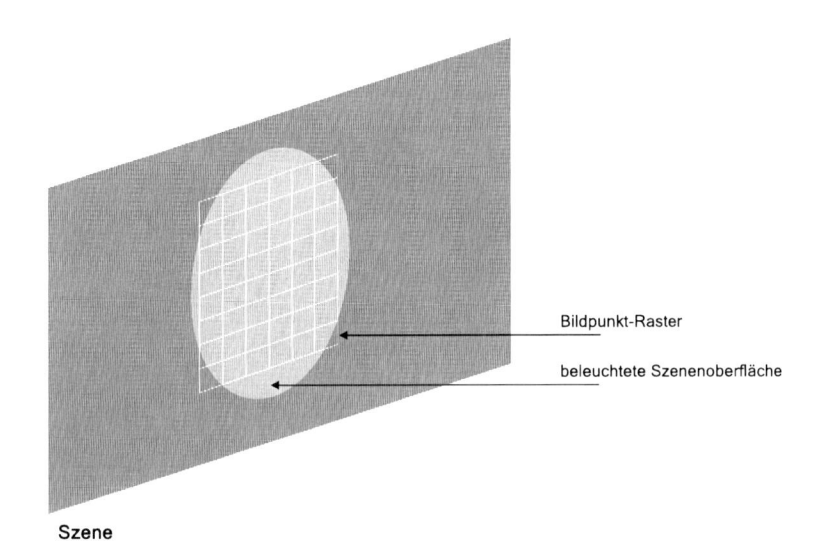

Abbildung 2.4: Der Raumwinkel Ω_E des Emitters definiert die Region der **Szenenoberfläche**, die von dem Emitter bestrahlt wird. Die virtuell abgebildete Fläche des Bildpunkts $A_{Bildpunkt}$ hingegen, beschreibt den Anteil der Strahlungsleistung der Szenenoberfläche, die auf den jeweiligen Bildpunkt des Detektors wird.

der Reflektionsleistung des Lambert'schen Strahlers in Richtung α_D durch die Zunahme der projizierten Fläche des Bildpunkts auf der Szenenoberfläche.

$$E_D(r) = \Phi_r \cdot \frac{\cos(\alpha_D)}{\Omega_L \cdot r^2} \tag{2.18}$$

Aufgrund der kosinusförmigen Abstrahlcharakteristik der Lambert'schen Reflektion ergibt sich Ω_L aus der Normierung über den Halbraum genau zu $\Omega_L = \pi$, siehe Gleichung 2.19).

$$\int_0^{2\pi} \int_0^{\frac{\pi}{2}} \frac{1}{\Omega_L} \cos\theta \cdot \sin\theta \, d\theta \, d\psi = 1 \tag{2.19}$$

2.3.3 Der Detektor

Der Aufbau des Detektors ist dem des Emitters ähnlich. Er besteht ebenfalls aus einem optischen Abbildungssystem, anstelle der Lichtquelle verfügt er über ein optoelektronisches Halbleiterbauelement, das die einfallenden Photonen in Elektronen umwandelt und diese abhängig von einem Referenzsignal in den Ladungsschaukeln integriert. Der Aufbau eines solchen Moduls ist in Abbildung 2.5 skizziert.

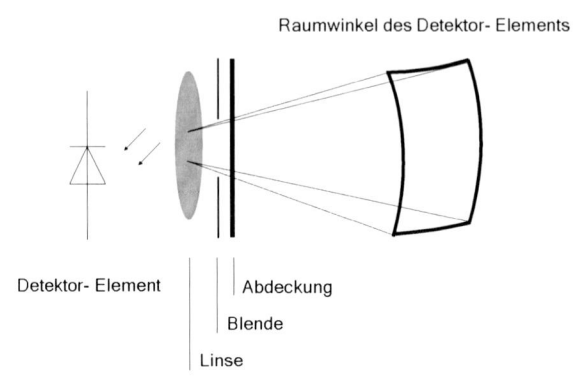

Abbildung 2.5: Der **Detektor** beinhaltet ergänzend zu dem photosensitiven Halbleiterbauelements, das die einfallenden Photonen in den so genannten Ladungsschaukeln integriert und in Potentiale umwandelt, auch ein optisches Abbildungssystem, das von seinem Aufbau dem des Emitters ähnelt, und die, auf die Szenenoberfläche projizierte, Fläche der einzelnen Bildpunkte definiert.

Die tatsächliche Strahlungsleistung $\Phi_D(r)$, die auf einen Bildpunkt des Detektors wirkt, wird nach Gleichung 2.20 aus der Bestrahlungsstärke E_D abgeleitet. Daneben finden auch der Querschnitt der Blendenöffnung A_B und die Transmission des optischen Abbildungssystems τ_D Berücksichtigung.

$$\begin{aligned}\Phi_D(r) &= E_D(r) \cdot A_B \cdot \tau_D \\ &= \left(\frac{P_E \tau_E \cos(\alpha_E)}{\Omega_E \cdot r^2} + E_H(\lambda) \right) \cdot \frac{\Omega_D \gamma(r) \rho}{\pi} \cdot A_B \cdot \tau_D \end{aligned} \quad (2.20)$$

Die tatsächliche Strahlungsleistung $\Phi_D(r)$ ist, für einen konstanten Wert von $\gamma(r)$, primär abhängig von der Entfernung r und verhält sich proportional zu dem Kehrwert dessen Quadrats. Die Hintergrundleistung $E_H(\lambda)$ der Szene ist dagegen unabhängig von der Entfernung. Dieser Sachverhalt ist in dem quadratischen Anwachsen der virtuell auf die Szenenoberfläche abgebildeten Fläche des Bildpunktes des Detektors begründet, wodurch sich die Beleuchtungsstärke durch das ausgestrahlte Lichtsignal des Emitters umgekehrt proportional verringert.

2.4 Realisierung auf Halbleiterebene

Die Umsetzung der Korrelationsfunktion, die in Abschnitt 2.2 aus einem mathematischen Blickwinkel ausführlich erläutert wurde, erfolgt auf Halbleiterebene in einem optoelektronischen Bauelement. Die einzelnen Photonen des, von der Szenenoberfläche reflektierten, Lichtsignals werden von diesen Halbleiterbauelementen detektiert, in Elektronen umgesetzt und abhängig von der Phase eines Referenzsignals in unterschiedlichen Bereichen des Bauelements integriert.

Diese Art von Halbleiterbauelementen wird gemeinhin als Ladungsschaukeln bezeichnet. Abhängig der tatsächlichen Realisierung des Bauelements sind weitere Bezeichnungen, wie **Photonenmischdetektor**, kurz PMD, oder auch **Demodulationspixel**, möglich.

Das weitaus gewichtigere Unterscheidungsmerkmal bei der Realisierung derartiger Messsysteme auf Halbleiterebene ist die Anzahl der Ladungsschaukeln, die in einen einzelnen Bildpunkt des Messsystems implementiert sind. Eine Ladungsschaukel, wie sie im folgenden Abschnitt 2.4.1 vorgestellt wird, verfügt über zwei Auslesekanäle, was zwei von vier Abtastpunkten entspricht, die für die Regression der Korrelationsfunktion benötigt werden. Bei Verwendung von vier Abtastpunkten werden, wie in Abschnitt 2.2 erläutert, die Algorithmen zur Aufstellung der Regression der Korrelationsfunktion einfacher und weniger fehleranfällig. Dies hat zur Folge, dass bei Implementierung einer Ladungsschaukel pro Bildpunkt mindestens zwei Einzelbilder der Szene aufgenommen werden müssen.

Im Fortgang wird diesem Aspekt noch mehr Aufmerksamkeit zuteil werden, da die Anzahl der aufzunehmenden Einzelbilder einen signifikanten Einfluss auf die maximale Geschwindigkeit hat, mit der sich Objekte zwischen zwei Einzelbildern bewegen können, ohne dass dies die Messgenauigkeit beeinflusst (weitere Informationen sind in Kapitel 3 zu finden).

Wird dieses Verhalten etwa für statische Szenen vernachlässigt, kann eine höhere Messgenauigkeit durch die Aufnahme von mehreren Einzelbildern erzielt werden. In Abschnitt 2.4.3 werden derartige Ansätze aufgegriffen und näher erläutert.

2.4.1 Funktionsprinzip der Ladungsschaukel

Bei den Ladungsschaukeln handelt es sich, wie in [84] beschrieben, um so genannte hybride Bauelemente, welche in einem CCD/CMOS-Mischprozess hergestellt werden. Die Detektion der einfallenden Photonen und die Verschiebung bzw. Speicherung der daraus generierten Ladungsträger ist in einem CCD-Prozess realisiert. Das Auslesen der einzelnen Bildpunkte ist, aufgrund der notwendigen aktiven Schaltungsperipherie, in einem CMOS-Prozess ausgeführt. Jeder Bildpunkt verfügt über einen eigenen Verstärker und kann individuell ausgelesen und adressiert werden.

In Abbildung 2.6 sind die beiden gebräuchlichsten Realisierungen von Ladungsschaukeln dargestellt. Die grundlegende Funktionsweise ist jedoch bei allen Realisierungen gleich und wurde detailliert in [21][23][48] beschrieben. Die Variation der Schaltzustände an den lichtempfindlichen Gates (Steuerelektroden oder auch Photogates) führt zu einer Verschiebung der einfallenden Photonen nach rechts oder links, abhängig von dem Referenzsignal. Dies geschieht in den darunter befindlichen Potentialmulden, in welchen die einfallenden Photonen in Elektronen umgesetzt werden. Die Potentialmulden sind derart dicht nebeneinander angeordnet, dass sie bei entsprechender Steuerspannung miteinander verschmelzen. Durch diese Kopplung ist eine Verschiebung der elektrischen Ladung in die so genannten Speichergates möglich. Der, auf diese Weise, generierte modulierte Potentialverlauf führt zu einer wechselseitigen Integration der Elektronen in dem jeweiligen

Speichergate und zur Ableitung, der in dem jeweils anderen Speichergate integrierten, Elektronen durch Diffusion. Bei einer angenommenen konstanten Intensität des einfallenden Lichts, befänden sich sich nach einem kompletten Zyklus gleich viele Ladungsträger in den Speichergates der Ladungsschaukel. Durch die schnelle Wiederholung dieses Vorgangs erfolgt die Bestimmung der für die Regression der Korrelationsfunktion notwendigen Abtastpunkte.

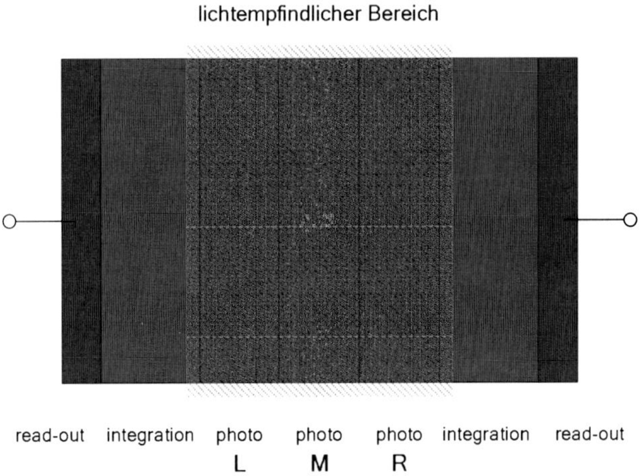

Abbildung 2.6: Die **Realisierung der Ladungsschaukel auf Halbleiterebene** gliedert sich nach Büttgen [3] in den photosensitiven Bereich mit den dazugehörigen Photogates, die die einfallenden Photonen in elektrische Ladung transformieren, und die Bereiche, deren Gates für den Ladungstransport verantwortlich sind.

Zyklus Im Folgenden sind die Vorgänge beschrieben, die für die Gewinnung der Entfernungsinformation notwendig sind. Diese Beschreibung ist unabhängig von den unterschiedlichen Realisierungsmöglichkeiten von Ladungsschaukeln auf Halbleiterebene, wie sie in Abbildung 2.6 aufgezeigt werden.

Unter der optisch aktiven Fläche der Ladungsschaukel sind mindestens zwei *lichtempfindliche Gates* angeordnet, die derart dicht nebeneinander gelegen sind, dass sie bei angelegter Steuerspannung miteinander verschmelzen. Die Steuerelektrode eines jeden dieser Gates wird abhängig von dem Referenzsignal angesteuert, wodurch ein Potentialverlauf realisiert wird, der die in Elektronen umgewandelten Photonen in das jeweilige *Speichergate* wandern lässt. Dieser Vorgang wird als **integration** bezeichnet. Im Anschluss an den Integrationsvorgang wird beim **shifting** die integrierte elektrische Ladung in den Auslesebereich verschoben, welcher während des **read-out** ausgelesen wird.

2.4. Realisierung auf Halbleiterebene

Nach Abschluss des Auslesevorgangs wird dieser Bereich zurückgesetzt. Dieses Zurücksetzen entspricht der Ableitung der elektrischen Ladung des Auslesebereichs durch Diffusion. Parallel zu dem Auslesen bzw. Rücksetzen des Auslesebereichs findet die Integration in dem zweiten Integrationsgate statt.

In Abbildung 2.7 wird dieser Vorgang für zwei unterschiedliche Phasen des Referenzsignals gezeigt.

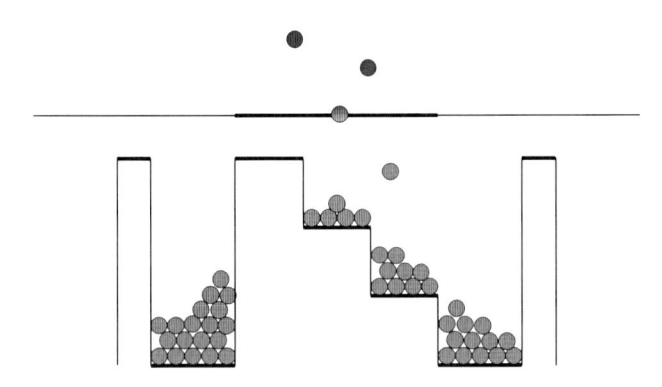

Abbildung 2.7: Der **Auslesevorgang** erfolgt phasenabhängig; je nach Phasenlage werden die Photonen bzw. Elektronen in speziellen Speicherbereichen integriert, bevor diese dann ausgelesen werden.

Hintergrundlichtunterdrückung Das unkorrelierte Hintergrundlicht, das unweigerlich in der Szene vorhanden ist, stellt bei der kontinuierlichen Modulationsinterferometrie, wie in Abschnitt 2.3 erläutert, eine nicht zu vernachlässigende Einflussgröße dar. Im Folgenden wird aufgezeigt, wie eine Verbesserung des Signal-Rausch-Verhältnis, auch signal-to-noise ratio, erzielt werden kann. Ansätze und Erläuterungen hierzu gibt Frey in [9].

Aufgrund von unkorreliertem Hintergrundlicht, wie es beispielsweise durch eine direkte Sonneneinstrahlung verursacht wird, werden die Speicherbereiche der Ladungsschaukel derart mit Ladungsträgern gefüllt, dass es zu einer Sättigung dieser kommt. Dieser Vorgang ist in Abbildung 2.8 dargestellt. Eine Verkürzung der Integrationszeit, um den Betrag des einfallenden Hintergrundlichts zu verringern, ist nicht praktikabel, da dies unweigerlich auch zu einer Minderung der Messgenauigkeit führt.

Filter Durch die Implementierung eines schmalbandigen Filters, wie bereits in Abschnitt 2.3 angeführt, kann der Anteil des unkorrelierten Hintergrundlichts reduziert werden.

Übersteuerung der Lichtquelle Weiterhin kann eine Verbesserung durch die Übersteuerung der Lichtquelle erzielt werden, was eine Steigerung des korrelierten Nutzsignals bei konstantem Hintergrundlicht zur Folge hat. Der Betrieb der Lichtquelle in dem so genannten *burst* Mode verbessert den (Signal-) Rauschabstand deutlich.

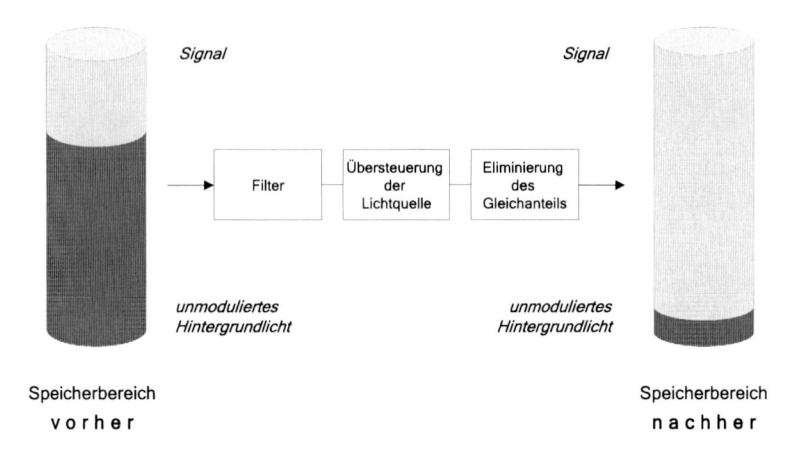

Abbildung 2.8: Mit Hilfe der **Hintergrundlichtunterdrückung** kann das Signal-Rausch-Verhältnis signifikant gesteigert werden. Das Messprinzip gibt herfür verschiedene Ansatzpunkte: Verwendung von (Interferenz-)Filtern, Übersteuerung der Lichtquelle und die Eliminierung des Gleichanteils.

Ansatz	Verbesserung [dB]
Filter	19
Übersteuerung der Lichtquelle	14
Eliminierung des Gleichanteils	53

Tabelle 2.2: Hintergrundlichtunterdrückung in Zahlen

Eliminierung des Gleichanteils Eine weitere Möglichkeit den Einfluss des unkorrelierten Hintergrundlichts auf das Sättigungsverhalten der Ladungsschaukel zu reduzieren, ist die Eliminierung des Gleichanteils. Dieser unkorrelierte Gleichanteil ist bedingt durch die wechselseitige Ansteuerung der Speicherbereiche der beiden Auslesekanäle gleich groß.

Eine Realisierung dieses Ansatzes wird von Hagebeuker und Frey in [21][8] präsentiert. Eine zusätzliche Schaltung, direkt auf Halbleiterebene in die Ladungsschaukel implementiert, erkennt und eliminiert den Gleichanteil an Ladungsträgern, der durch das unkorreliertes Hintergrundlicht hervorgerufen wird. Folglich steht die Dynamik des Sensors gänzlich dem korrelierten Nutzsignal zur Verfügung.

Die erzielten Verbesserungen wurden von Frey in [9], wie in Tabelle 2.2 angegeben, beziffert.

2.4.2 Rauschverhalten

Die Ursache für die Überlagerung eines jeden elektrischen Signals mit Rauschen ist, wie von Schneider in [80] beschrieben, in der Art des Ladungstransports begründet. Die Ladungsträger werden nicht kontinuierlich, sondern vielmehr als zufällige, voneinander zeitlich unabhängige Impulse transportiert. Das Rauschen ist, wie Frey in [8] aufzeigt, kein Bestandteil der betrachteten Szene, sondern eine Störung im aufgenommenen Bild.

Die Analyse des Rauschverhaltens in elektrischen Schaltungen ist vor allem für die Entwicklung von Sensoren von essentieller Bedeutung, da durch das Rauschen die untere Grenze der Empfindlichkeit des Sensors definiert wird.

Aufgrund des Herstellungsverfahrens, einem CCD/CMOS-Mischprozess, unterliegen die Signale, der in den vorangegangenen Abschnitten beschriebenen Ladungsschaukel, verschiedenen Rauschquellen:

- Photonenrauschen
- Dunkelstromrauschen oder Thermisches Rauschen
- kTC-Rauschen
- Verstärkerrauschen
- Quantisierungsrauschen

Die prinzipielle Signalkette eines Auslesekanals der Ladungsschaukel ist in Abbildung 2.9 gegeben.

Die Überlagerung des Signals mit diversen Rauschquellen hat Messabweichungen zur Folge. Die Ursachen für dieses Verhalten werden in den nächsten Absätzen im Detail beschrieben.

Photonenrauschen Das Lichtsignal, welches von einem Bildpunkt des Messsystems detektiert wird, besteht nach der Theorie der Quantenelektrodynamik (QED) aus Photonen. Obwohl die Bestrahlungsstärke konstant ist, treffen die Photonen in unregelmäßigen Abständen auf den lichtempfindlichen Bereich der Ladungsschaukel. Es kann lediglich eine Aussage über die mittlere Anzahl der Photonen getroffen werden, die auf das Halbleiterbauelement treffen. Der tatsächliche Wert ist mit einer Abweichung behaftet, die der Poisson-Verteilung unterliegt.

Überdies muss berücksichtigt werden, dass nicht nur die Photonen des Nutzsignals auf den lichtempfindlichen Bereich der Ladungsschaukel treffen, sondern auch die des Hintergrundlichts.

Thermisches Rauschen bzw. Dunkelstromrauschen Neben der photogenerierten Ladung existiert die thermisch generierte Ladung, auch als Dunkelstrom bezeichnet. Als Dunkelstrom wird die spontane Bildung von freien Ladungsträgern durch die Einwirkung von Wärme in lichtempfindlichen Halbleitern bezeichnet. Das Dunkelstromrauschen begründet sich auch durch die Varianz des Dunkelstroms, welcher für alle Bildpunkte unterschiedlich ist.

Das Dunkelstromrauschen ist eine Funktion der Integrationszeit und der Temperatur. Für dieses Halbleiterbauelement ist zu beachten, dass sowohl ein Dunkelstrom der Auslesediffusion (vergleiche Abschnitt 2.4.1) als auch einer der MOS-Kapazitätsdiode das Nutzsignal additiv beeinflussen.

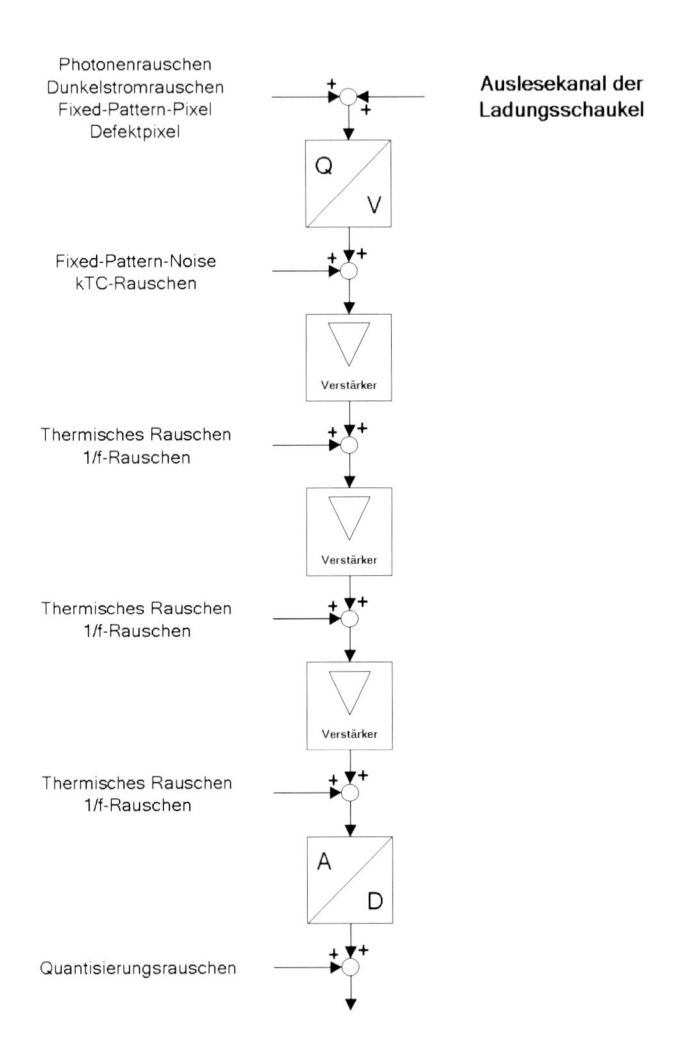

Abbildung 2.9: Anhand der **Signalkette** eines Auslesekanals der Ladungsschaukel lassen sich die Einwirkpunkte der einzelnen Rauschquellen aufzeigen und erläutern.

2.4. Realisierung auf Halbleiterebene

kTC-Rauschen Die Ursache für das kTC-Rauschen liegt in der Notwendigkeit des Rücksetzens von CMOS-Gates begründet. Diese Gates sind vergleichbar mit Kondensatoren, die durch das Anlegen einer Spannung in einen definierten Grundzustand zurückgesetzt werden müssen. Die hierfür benötigte Spannung variiert auf Grund stochastischer Zusammenhängen und damit die im Kondensator gespeicherte Ladung.

Verstärkerrauschen Das Verstärkerrauschen setzt sich aus zwei Komponenten zusammen, einem thermischen Rauschen in dem Inversionskanal des MOS-Transistors und dem 1/f-Rauschen. Das thermische Rauschen ist ein weißes Rauschen, das über die Frequenz konstant ist. Im Gegensatz dazu, handelt es sich bei dem 1/f-Rauschen um ein rosa Rauschen, das mit steigender Frequenz abnimmt.

Das 1/f-Rauschen tritt an der Grenzfläche zwischen der Oberfläche des Halbleiters und der des Gate-Oxids auf. Ladung wird zeitlich begrenzt in der Grenzfläche eingeschlossen und zufällig wieder freigegeben.

Quantisierungsrauschen Die letzte Stufe in der analogen Auslesekette ist die A/D-Wandlung. Dabei wird das analoge Signal zyklisch abgetastet und einem diskreten digitalen Wert zugeordnet. Diese Quantisierung ist in erster Linie abhängig von der Auflösung des A/D-Wandlers. Die Differenz zwischen dem analogen Eingangssignal und dem digitalen Ausgangssignal wird als Quantisierungsrauschen bezeichnet. Das Quantisierungsrauschen verhält sich umgekehrt proportional zur Auflösung des A/D-Wandlers: Je größer die Auflösung des Wandlers, desto geringer das Quantisierungsrauschen.

2.4.3 Steigerung der Messgenauigkeit

Eine statische Szene vorausgesetzt, kann durch die Aufnahme von mehreren Einzelbildern die Messgenauigkeit signifikant gesteigert werden. In diesem Abschnitt sollen zwei derartige Verfahren vorgestellt werden.

Mehrstufige Integrationszeit Ungeachtet der Hintergrundlichtunterdrückung, vorgestellt in Abschnitt 2.4.1, kann eine mögliche Sättigung der Speicherbereiche bzw. Integrationsgates nicht ausgeschlossen werden. Allerdings korrespondiert der Sättigungsgrad eines jeden Bildpunkts mit dessen Amplitudenwert. Überschreitet der Amplitudenwert eine gewisse Schwelle, dann sind sowohl er selbst, als auch die dazugehörige Entfernungsinformation ungültig.

Um der Sättigung einzelner Bildpunkte entgegenzuwirken, wird nicht nur ein Einzelbild mit einer Integrationszeit aufgenommen, sondern mehrere Einzelbilder mit verschiedenen, absteigenden Integrationszeiten. Sofern die definierte Schelle von dem Amplitudenwert eines Bildpunkts überschritten wird, wird für diesen Bildpunkt der Amplitudenwert und die Distanzinformation (für die derzeitige Integrationszeit) verworfen. Stattdessen werden der Amplitudenwert und die Distanzinformation der nächst kleineren Integrationszeit verwendet. Dieses wiederholt sich, bis ein gültiger Amplitudenwert gefunden wurde. Erst, wenn der Bildpunkt auch bei der kleinsten Integrationszeit gesättigt ist, wird dieser Bildpunkt als ungültig markiert. Ansonsten werden der gültige Amplitudenwert selbst und die dazugehörige Entfernungsinformation in den jeweils resultierenden Bildern abgespeichert.

Nachdem mit allen Bildpunkten so verfahren wurde, muss eine Normierung auf die maximale Integrationszeit erfolgen. Hierzu wird der jeweilige Amplitudenwert mit der dazugehörigen Integrationszeit multipliziert und durch die maximale, im Bild vorkommende, Integrationszeit geteilt.

Kompensation der Fertigungstoleranzen Die Herstellung von Halbleiterbauelement ist mit Toleranzen behaftet, die einen Einfluss auf die Messgenauigkeit haben. Um diese Abweichungen zu kompensieren, werden mehrere Einzelbilder der betrachteten Szene aufgenommen, dabei rotiert die Phasenansteuerung des jeweiligen Auslesekanals. Mit jedem Auslesekanal wird ein Einzelbild zu den Phasen der einzelnen Abtastpunkte $C_0 \ldots C_3$ aufgenommen. In Abschnitt 2.2 wurde bereits erläutert, dass für eine einfachere und weniger fehleranfälligere Regression der Korrelationsfunktion mindestens vier Abtastpunkte benötigt werden, was bedeutet, dass zur Kompensierung der Fertigungstoleranzen vier Einzelbilder aufgenommen werden müssen.

In Abbildung 2.10 ist das Prinzip der Rotation der Phasenansteuerung skizziert.

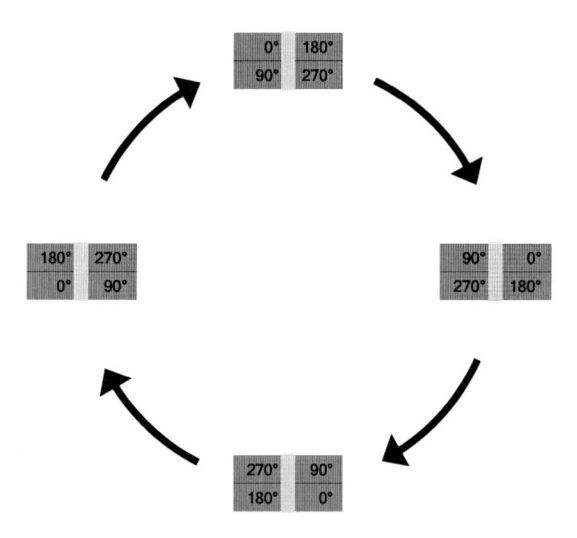

Abbildung 2.10: Die **Rotation der Phasenansteuerung** der einzelnen Auslesekanäle bewirkt eine Kompensation der Fertigungstoleranzen, wenn mit jedem Auslesekanal jede Phase einmal aufgenommen und jede Phase über alle Kanäle gemittelt wird.

2.5 Zusammenfassung

Die Distanzmessung, beruhend auf dem Prinzip der kontinuierlichen Modulationsinterferometrie, entspricht mathematisch der Korrelation zweier harmonischer Schwin-

2.5. Zusammenfassung

gungen bzw. periodischer Signale. Die Korrelation dieser beiden Signale, dem detektierten Lichtsignal und einem Referenzsignal, entspricht deren Phasenversatz, welcher mit der gemessenen Distanz korrespondiert. Die Ermittlung der Phasenverschiebung erfolgt dabei durch die Rekonstruktion der Korrelationsfunktion anhand von wenigen diskreten Abtastpunkten, welche abhängig von der Phasenlage des Referenzsignals angesteuert werden. Bei der Korrelationsfunktion, die auf diese Art und Weise rekonstruierte wurde, handelt es sich um eine so genannten Regression, welche infinitesimale Abweichungen zu dem realen Lichtsignal ausweist.

Neben der ausführlichen Darlegung der mathematischen Zusammenhängen des Messprinzips, ist es auch von wesentlicher Bedeutung für den späteren Entwurf einer Methode zur Korrektur bzw. Kompensierung von Messfehlern, die physikalischen Grundlagen des Systems zu kennen. Aus diesem Grund wurde ein physikalisches Modell aufgestellt, welches den Pfad der Photonen von der Emission bis hin zur Umwandlung der Photonen in Elektronen im Detektor beschreibt.

Weiterhin beinhaltet dieses Kapitel eine Beschreibung der Realisierung des Messprinzips auf Halbleiterebene. Hierbei liegt der Fokus auf der Erläuterung der Funktionsweise der Ladungsschaukel, welche die empfangenen Photonen phasenabhängig trennt und damit die Basis für die Berechnung der Entfernungsinformation bereitet. Zudem ist es bei dieser Betrachtung essentiell auch die entsprechenden Rauschquellen mit einzubeziehen, da diese einen nicht unerheblichen Einfluss auf die Photonen bzw. Elektronen haben und somit auch auf die gemessenen Distanzinformationen. Darüber hinaus wurden Möglichkeiten aufgezeigt, wie die Messgenauigkeit des Messsystems durch vergleichsweise einfache Modifikationen gesteigert werden kann. An dieser Stelle seien nur die mehrstufige Integrationszeit und die Kompensation der Fertigungstoleranzen durch Rotation der Auslesekanäle erwähnt.

Kapitel 3

Messsystem und Reduzierung der prinzipbedingten Messfehler

3.1	Motivation	38
3.2	Charakteristika des Messsystems	38
	3.2.1 Temperaturverhalten	38
	3.2.2 Signal-Rausch-Verhältnis	40
	3.2.3 Blendung	41
	3.2.4 Bewegungsartefakte	41
	3.2.5 Unterschiedliche Umgebungsbedingungen	42
3.3	Reduzierung der prinzipbedingten Messfehler	43
	3.3.1 Abbildungsfehler	43
	3.3.2 Messfehler durch die Abtastung des Messsignals	49
	3.3.3 Fehlerbehaftete Intensitätsmessung	54
3.4	Zusammenfassung	62

3.1 Motivation

Nachdem in dem vorangegangenen Kapitel die Grundlagen der Entfernungsmessung aus mathematischer und physikalischer Sichtweise erläutert wurden, soll an dieser Stelle eine Vorgehensweise aufgezeigt werden, um drei-dimensionale Messsysteme zu charakterisieren und deren Leistungsfähigkeit zu beurteilen.

Dazu wird in dem folgenden Abschnitt 3.2 zunächst die Abhängigkeit des Messverfahren von externen Einflüssen, wie der Umgebungstemperatur oder Bewegung innerhalb der betrachteten Szene, untersucht.

Aufbauend auf den Informationen, die aus diesen Ergebnissen abgeleitet werden können, erfolgt unter Einbeziehung der prinzipbedingten Messfehler bzw. -abweichungen, die auf die entsprechenden Grundlagen im vorhergehenden Kapitel zurückzuführen sind, die Analyse der jeweiligen Ursachen in Abschnitt 3.3. Darüber hinaus werden Möglichkeiten der Kompensierung bzw. Kalibrierung aufgezeigt und erörtert.

3.2 Charakteristika des Messsystems

In diesem Abschnitt wird eine Vorgehensweise entwickelt und präsentiert, mit der verschiedene Messverfahren zur drei-dimensionalen Erfassung von Oberflächen charakterisiert werden können. Das Ziel ist die Untersuchung des Verfahrens auf die Anfälligkeit durch externe Einflüsse.

Abhängig von dem jeweiligen Experiment werden nur die zu untersuchenden externen Einflüsse variiert, die restliche Umgebung bleibt unverändert.

In den folgenden Unterabschnitten werden die theoretischen Grundlagen der einzelnen Experimente erläutert. Die Ergebnisse und Auswertung der durchgeführten Messungen zu den Experimenten sind in Kapitel 5 zu finden.

3.2.1 Temperaturverhalten

Die Kenntnis eines stabilen Arbeitspunkts, auch hinsichtlich der Betriebstemperatur, ist von großer Bedeutung, da das Erreichen dieses Arbeitspunkts für alle weiteren Versuche und Experimente als Grundvoraussetzung anzusehen ist. Die Gefahr eines negativen Einflusses der Temperatur besteht, da sich die Temperatur signifikant auf die Bewegung der Photonen auswirkt, und die Steigerung der Temperatur am Äußeren des Sensorgehäuses einen nicht zu übersehenden, oder besser zu *überfühlenden*, Faktor darstellt. Um den Einfluss dieses Temperaturanstiegs auf die gemessenen Distanzen zu untersuchen, wird das Messsystem in einer definierten Distanz d [mm] parallel zu einer planen Ebene installiert (vgl. Abbildung 3.1). Zusätzlich wird ein Temperaturfühler an dem Gehäuse des Messsystems befestigt, um in definierten zeitlichen Abständen Δt [s] die Gehäusetemperatur ϑ [°C] zu messen.

Mit der Initialisierung des Messsystems wird auch die Temperaturmessung gestartet. Während der kontinuierlichen Distanzmessung des Messsystem werden die Aufnahmen gesichert, welche zeitgleich zu einer Temperaturmessung getätigt werden. Die Dauer dieses Versuchs wird von dem Erreichen eines Temperaturarbeitspunkts abhängig gemacht, welcher als stabil angesehen werden kann. Dieses ist der Fall, wenn über einen längeren, definierten Zeitraum keine Temperaturänderung messbar ist.

3.2. Charakteristika des Messsystems

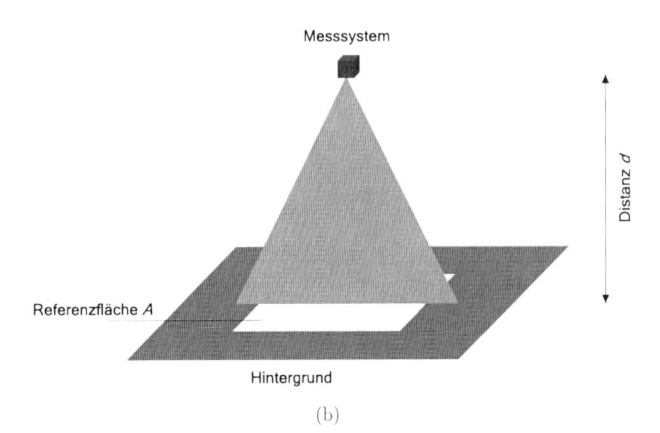

(a)

(b)

Abbildung 3.1: Versuchsaufbau zur Bestimmung der Charakteristika eines realen Messsystems - (a) realer Versuchsaufbau und (b) schematische Darstellung, die auch im Fortgang der Arbeit für weitere Erklärungen verwendet wird.

Aufgrund der unzureichenden Beleuchtungsstärke des Messsystems werden von einigen Bildpunkten keine gültigen Distanzinformationen ausgegeben. Um diese Bildpunkte von der anschließenden Auswertung der Messdaten auszuschließen, wurde bereits im Vorfeld eine Eingrenzung der Ebene auf eine exakt bestimmte Fläche A im Zentrum des Sichtfeldes des Messsystems getroffen.

Zur Auswertung dieses Versuchs werden die funktionalen Abhängigkeiten der gemessenen Gehäusetemperatur ϑ und der gemessenen Distanz d jeweils von der Messzeit t herangezogen. Als Maßzahl für die gemessene Distanz, dient der arithmetische Mittelwert $\bar{d}$ über die einzelnen Distanzinformationen der Referenzfläche A.

3.2.2 Signal-Rausch-Verhältnis

Nachdem für das Messsystem ein stabiler Arbeitspunkt gefunden wird, gilt es das Signal-Rausch-Verhältnis, auch als Störabstand bzw. (Signal-)Rauschabstand bezeichnet, zu bestimmen, eine Maßzahl für die Qualität des Nutzsignals, das von einem Rauschsignal überlagert wird. Der für diesen Versuch genutzte Aufbau ist identisch mit dem aus Unterabschnitt 3.2.1.

Die Berechnung des Signal-Rausch-Verhältnisses, kurz SNR, ist in Gleichung 3.2.2ff gegeben. Die Bestimmung des SNR erfolgt jeweils für die Mittel- bzw. Bildpunkte, der vier Quadranten, in die sich die Matrix der Messdaten einteilen lässt (siehe Tabelle 3.1).

	x	y
1. Quadrant	$24 < x \leq 48$	$0 < y \leq 32$
2. Quadrant	$0 < x \leq 24$	$0 < y \leq 32$
3. Quadrant	$0 < x \leq 24$	$32 < y \leq 64$
4. Quadrant	$24 < x \leq 48$	$32 < y \leq 64$

Tabelle 3.1: Einteilung der Quadranten

$$SNR = \frac{\bar{x}}{\sqrt{s_x^2}} \text{mit} \tag{3.1}$$

$$\bar{d} = \frac{1}{ij} \sum_{x=1}^{ij} d_i \tag{3.2}$$

$$s_d^2 = \frac{1}{ij} \sum_{x=1}^{ij} \left(d_x - \bar{d}\right)^2 \tag{3.3}$$

i : Auflösung in x-Richtung
j : Auflösung in y-Richtung
$\bar{d}$: Mittelwert
s : Standardabweichung

3.2.3 Blendung

Neben der Betrachtung des Temperaturverhaltens des realen Messsystems ist Gegenlichtquellen, die Element der betrachteten Szene sind, besondere Beachtung beizumessen. Um deren Einfluss bzw. Auswirkungen zu untersuchen, wird eine Gegenlichtquelle, die ein breitbandiges, nicht-moduliertes Lichtsignal emittiert, in der Verlängerung der optischen Achse des Messsystems positioniert. Anhand eines Vorher-Nachher-Vergleichs der Distanzinformationen der Referenzfläche A (vgl. Abbildung 3.1) lässt sich das Gegenlicht- oder auch Blendverhalten des Messsystems charakterisieren.

Zur Auswertung dieses Versuchs werden zwei Kriterien herangezogen. Auf der einen Seite, das *Signal-Rausch-Verhalten*, dessen Berechnung bereits in Unterabschnitt 3.2.2 erläutert wurde, und auf der Anderen, die absolute Differenz $|d|$ der aufgenommen Messdaten mit ein- und ausgeschalteter Gegenlichtquelle. Die Bildpunkte, bei denen diese Differenz den Schwellwert s_{max} überschreiten, werden aufsummiert. Auf Basis dieser Summe wird, wie in Gleichung 3.2.3 erläutert, die Fehlerrate E bestimmt.

$$E = \frac{\sum\limits_{x=1}^{ij} |d_x| > s_{max}}{ij} \cdot 100 \qquad (3.4)$$

E : Fehlerrate

Bei den Messdaten, die für die Differenzbildung verwendet werden, handelt es sich um das arithmetische Mittel über n Messaufnahmen.

3.2.4 Bewegungsartefakte

Ein weiterer nicht zu vernachlässigender Faktor, der das Messergebnis nachteilig beeinflussen kann, sind Bewegungen innerhalb der beobachteten Szene. Der so genannte Doppler-Effekt[1] beschrieben von Fries in [10] ist bei dieser Betrachtung nur sekundär, primär geht es um Bewegungen innerhalb der Bildebene, welche durch die Abszisse i und die Ordinate j aufspannt wird.

Um diese Einflüsse zu bestimmen, wird der in Unterabschnitt 3.2.1 beschriebene und in Abbildung 3.1 skizzierte Versuchsaufbau, modifiziert. Die Bewegung innerhalb der Bildebene wird durch ein angetriebenes, schienengeführtes Referenzobjekt erzielt, mit verschiedenen Geschwindigkeiten $v\ [\frac{m}{s}]$ durch das Sichtfeld des Messsystems bzw. die definierte Fläche A geführt wird (vgl. Abbildung 3.2).

Mit Beginn des Versuchs wird das Referenzobjekt statisch in der Mitte des Sichtfeldes des Messsystems positioniert, um eine Referenz der Objektkanten zu erstellen. Die Objektkanten werden aus einem arithmetischen Mittel von n Messaufnahmen unter Anwendung des so genannten Canny-Algorithmus[2] extrahiert.

Das Referenzobjekt wird nun mit verschiedenen Geschwindigkeiten durch das Sichtfeld bewegt, wobei weitere Messdaten akquiriert werden. In diesen Daten werden ebenfalls die Objektkanten bestimmt und mit denen des Referenzobjekts verglichen. Dabei sind sowohl

---

[1] Der Doppler-Effekt bezeichnet die Veränderung der gemessenen Frequenz von Wellen jeder Art, während sich Sender und Empfänger relativ zueinander bewegen.

[2] Der Canny-Algorithmus, benannt nach John Canny, ist ein in der digitalen Bildverarbeitung weit verbreiteter, robuster Algorithmus zur Kantendetektion.

die Kantenschärfe als auch die gemessenen Dimensionen des Referenzobjekts Kriterien für das Auflösungsvermögen von Bewegungen des Messsystems.

3.2.5 Unterschiedliche Umgebungsbedingungen

Das wesentliche Kriterium zur Beurteilung eines derartigen Messsystems zur matrixförmigen Distanzmessung ist die Messgenauigkeit. Für die Untersuchung dieser, wird der bisherige Messaufbau verändert. Das Messsystem wird hierzu auf dem Schlitten eines Linearantriebs montiert, um die Distanz zu dem Hintergrund bzw. dem Reflektivitätsmuster automatisiert zu verkleinern und zu vergrößern. Dieser Versuchsaufbau ist in Abbildung 3.2 skizziert.

Zusätzlich zur der Variation der Distanz bietet dieser Versuchsaufbau auch die Möglichkeit, verschiedene Umgebungslichtsituationen zu reproduzieren. Neben totaler Dunkelheit (außer dem modulierten Lichtsignal des Messsystems selbst) sind auch extreme Situationen, wie eine direkte Sonneneinstrahlung, darstellbar.

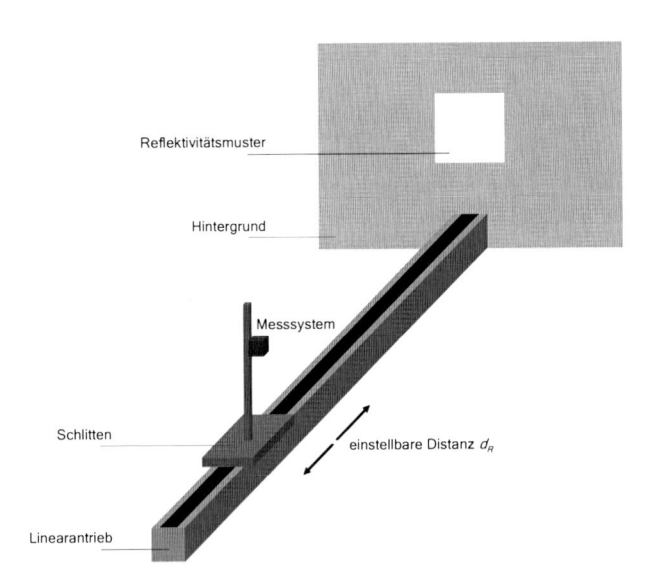

Abbildung 3.2: Geänderter Versuchsaufbau bei dem das Messsystem auf einem Linearantrieb montiert ist. Durch eine Verschiebung in z-Richtung und die austauschbaren Reflektivitätsmuster werden unterschiedliche Umgebungsbedingungen nachgebildet.

Zur Auswertung wird die Differenz der Referenzdistanz d_R (*einstellbare Differenz* in Abbildung 3.2) und der gemessenen Distanz d herangezogen.

3.3 Reduzierung der prinzipbedingten Messfehler

Die Ergebnisse der Experimente zur Bestimmung der Charakteristika des Messverfahrens der indirekten Lichtlaufzeitmessung, vorgestellt der theoretischen Hintergründe im vorhergehenden Abschnitt 3.2 und der Ergebnisse in Kapitel 5, lassen den Rückschluss zu, dass die Nutzung der unbearbeiteten Ergebnisse dieses Messverfahrens nicht praktikabel ist. Dieses Verhalten wird auch von Koch in [31] und Ringbeck in [72] bestätigt.

Die Resultate dieser Experimente korrelieren mit den theoretischen, physikalischen Grundlagen des betrachteten Messprinzips, präsentiert in Abschnitt 2.2, woraus sich die notwendigen Korrekturen ableiten lassen. Darüber hinaus ergeben sich weitere Ansätze zur Korrektur, wie beispielsweise bei der Wellenausbreitung.

Die einzelnen Korrektur- bzw. Kalibrierschritte der Vorverarbeitung sind in Abbildung 3.3 schematisch dargestellt.

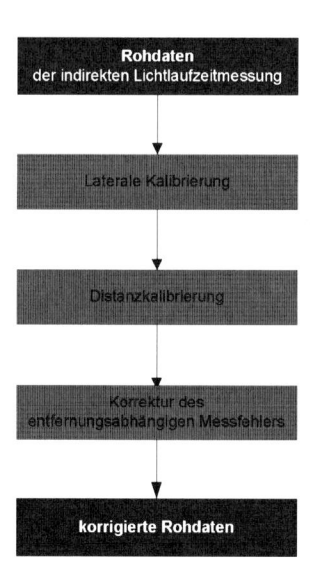

Abbildung 3.3: Prozess der **Vorverarbeitung** der Messdaten (Stand der Technik)

Diese Korrekturschritte werden in den folgenden Unterabschnitten beschrieben. Dabei wird neben der Erläuterung der jeweiligen Korrektur- bzw. Kalibriermethode auch auf die ursächlichen Aspekte hinreichend eingegangen.

3.3.1 Abbildungsfehler

Aufgrund der Beschaffenheit des Messsystems, vorrangig des optischen Abbildungssystems kommt es bei der Bildaufnahme zu Abbildungsfehlern. Ursächlich hierfür ist der

Abbildungsprozess, wie Thöniß und Klimentjew in [30][87] aufzeigen bei dem unendlich ausgedehnte Objekträume, die eigentlichen Szenen, in endlich ausgedehnte Bildräume, oft auch mit geringerer Dimensionalität, transformiert werden. Die dabei entstehenden Abbildungsfehler lassen sich einteilen in die intrinsischen und extrinsischen Parameter des Bildsensors. Während die intrinsischen Parameter die Projektion des Objektraums in den Bildraum (lokal) des Bildsensors beschreiben, geben die extrinsischen Parameter Aufschluss über die Lage des Bildsensors zur beobachteten Szene (global). Die allgemeine Vorgehensweise zur Kalibrierung wird von Schiller in [78] und von Hundelshausen in [25] erläutert, speziell auf das Prinzip der phasenbasierten Lichtlaufzeitmessung adaptierte Verfahren präsentieren Fuchs in Fuchs [11], Lindner in [49] und Marder in [51].

Durch mehrere Bildaufnahmen von ein und derselben Szene aus unterschiedlichen Perspektiven lassen sich die Abbildungsfehler bestimmen und im Anschluss auch korrigieren. Aus den entsprechenden Korrekturparametern wird eine Korrekturmatrix erstellt, welche auch auf weitere Aufnahmen der Szene angewendet werden kann. Für die Erstellung der Korrekturmatrix muss ein Kalibrierkörper, typischerweise eine Schachbrettmuster mit bekannten Dimensionen, Element der Bildaufnahmen sein.

Dieser Vorgang wird als laterale Kalibrierung bezeichnet und wurde von Zhang in [90] ausführlich erläutert. Die darin umgesetzte Berechnungsgrundlage, welche auf Bouquet[3] zurückgeht, wird im Folgenden für die Kalibrierung verwendet.

Mathematische Grundlagen Die Position eines beliebigen Punktes im unendlich ausgedehnten Objektraum, die so genannte Raumposition, setzt sich zusammen aus den Richtungsvektoren x, y und z und einer zusätzlichen Konstante w, der Länge der Richtungsvektoren. Die Darstellung der Raumposition erfolgt in Form eines Spaltenvektors (geschweifte Klammern) - im Text wird die zum Zeilenvektor transponierte Form (spitze Klammern) verwandt. Die unterschiedlichen Darstellungsarten, welche von Meyer-Ebrecht in [56][57] vorgestellt werden, sind in den Gleichungen 3.3.1f gegeben.

$$\vec{p}_O = \left\{ \begin{array}{c} x_O \\ y_O \\ z_O \\ w \end{array} \right\} \tag{3.5}$$

$$= \langle \begin{array}{cccc} x_O & y_O & z_O & w \end{array} \rangle^T \tag{3.6}$$

$\vec{p}_O$: Raumposition im Objektraum
x_O, y_O und z_O : Richtungsvektoren
w : Länge der Richtungsvektoren

Die Transformationsvorschrift, definiert in der 4x4-Matrix M, um die Raumposition in den korrespondierenden Punkt im Bildraum $\vec{x}_{Bildraum}$ zu transformieren ist in Gleichung 3.3.1 aufgezeigt.

---

[3]Jean-Claude Bouquet (* 07. September 1819 in Morteau, Franche-Comté; † 9. September 1885 in Paris) war ein französischer Mathematiker, der sich mit Funktionentheorie und Differentialgeometrie beschäftigte.

3.3. Reduzierung der prinzipbedingten Messfehler

$$\vec{p}_B = M \cdot \vec{p}_O$$

$$= \begin{pmatrix} r_{11} & r_{12} & r_{13} & x_0 \\ r_{21} & r_{22} & r_{23} & y_0 \\ r_{31} & r_{32} & r_{33} & z_0 \\ \frac{1}{d_x} & \frac{1}{d_y} & \frac{1}{d_z} & \frac{1}{s} \end{pmatrix} \cdot \begin{Bmatrix} x_O \\ y_O \\ z_O \\ w \end{Bmatrix}$$

$$= \begin{Bmatrix} x_B \\ y_B \\ w \end{Bmatrix} \tag{3.7}$$

$\vec{p}_B$: korrespondierender Punkt der Raumposition im Bildraum
M : Transformationsvorschrift

Die einzelnen Elemente der Transformationsvorschrift M stehen für die intrinsischen Sensorparameter:

Skalierung Koeffizient $\frac{1}{s}$ bewirkt eine isotope Skalierung um den Faktor s
Translation Koeffizienten x_0, y_0 und z_0 bewirken eine Verschiebung um den Vektor $\vec{x_0}$
Perspektivische Verzerrung Koeffizienten $\frac{1}{d_x}$, $\frac{1}{d_y}$ und $\frac{1}{d_z}$ bewirken eine entfernungsproportionale Stauchung
Rotation sofern die 3x3-Matrix, gebildet aus den Koeffizienten r_{ij}, orthogonal ist und ihre Determinanten $det[r] = 1$ ist, bewirkt dies eine Rotation im Raum

Die *Rotation* und die *Translation* zählen allerdings nicht zu den intrinsischen Sensorparameter sondern zu den Extrinsischen. Diese beschreiben die Lage des unendlich ausgedehnten Objektraums zum Bildraum.

Perspektivische Parallelprojektion Man spricht von einer perspektivischen Parallelprojektion, wenn ein unendlich ausgedehnter Objektraum auf einer ebenen Sensorfläche abgebildet wird. Die perspektivische Parallelprojektion ist nach Tönnies [88] eine Kombination aus perspektivischer Verzerrung (in z-Richtung) und einer Stauchung.

Die perspektivische Parallelprojektion wird auch als Zentralprojektion bezeichnet und beschreibt das Prinzip der Lochkamera.

Das ideale Modell der perspektivischen Parallelprojektion ist in Form der dazugehörigen Transformationsvorschrift in Gleichung 3.3.1 gegeben.

$$M_{PP} = \begin{pmatrix} 1 & 0 & 0 & 0 \\ 0 & 1 & 0 & 0 \\ 0 & 0 & 1 & 0 \\ 0 & 0 & -\frac{1}{d} & 0 \end{pmatrix} \tag{3.8}$$

M_{PP} : Transformationsvorschrift der perspektivischen Parallelprojektion

Die Raumposition im Objektraum $\vec{p}_O$, gegeben in Gleichung 3.3.1, kann gemäß der Transformationsvorschrift M_{PP} in einen Punkt des kleiner dimensionalen Bildraums transformiert werden.

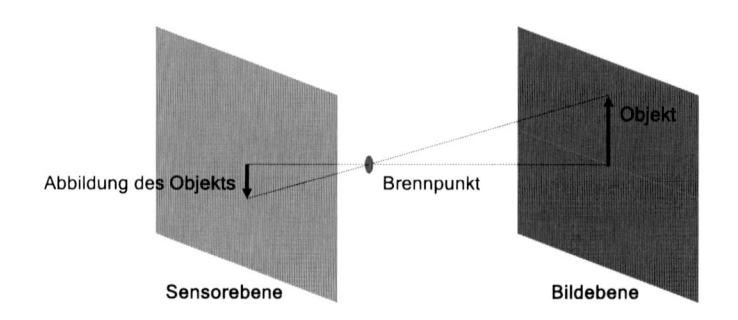

Abbildung 3.4: Schematische Darstellung der **perspektivischen Projektion**

$$\vec{p}_B = \left\{ \begin{array}{c} x_B \\ y_B \\ w \end{array} \right\} \qquad (3.9)$$

$\vec{p}_B$: ideale Raumposition im Bildraum

Aufgrund der Eigenschaften des optischen Abbildungssystems unterliegt die tatsächliche Raumposition in der Bildebene $\vec{p}'_B$ jedoch Verzerrungseffekten. Die Abweichungen, verursacht durch diese Verzeichnungen, sind in Gleichung 3.3.1ff gegeben.

$$\vec{p}'_B = \left\{ \begin{array}{c} x'_B \\ y'_B \\ w \end{array} \right\} \qquad (3.10)$$

$$= \underbrace{(1 + k_1 r^2 + k_2 r^4 + k_3 r^6) \cdot \begin{pmatrix} x'_B \\ y'_B \end{pmatrix}}_{\text{radiale Verzerrung}} + \underbrace{\begin{pmatrix} 2k_3 x'_B y'_B + k_4 (r^2 + 2{x'_B}^2) \\ 2k_4 x'_B y'_B + k_3 (r^2 + 2{x'_B}^2) \end{pmatrix}}_{\text{tangentiale Verzerrung}} \qquad (3.11)$$

k_x : radiale und tangentiale Verzerrungseffekte

Es wird zwischen zwei Arten der Verzeichnung bzw. Verzerrungen der Linse(n) unterschieden, die tangentiale und die radiale Verzerrung.

- Bei der **radialen Verzerrung** bleibt der Richtungsvektor $\vec{r}$, ausgehend von dem Zentrum der Verzerrung, erhalten; lediglich die Länge k des Vektors ändert sich.
- Die **tangentiale Verzerrung**, vornehmlich resultierend aus einer Dezentralisierung der einzelnen Linsen des Objektives, wirkt tangential zu dem Richtungsvektor, ausgehend vom Zentrum des Bildes. Die tangentiale Verzerrung hat im Vergleich zur Radialen nur einen sehr geringen Einfluss und ist nur bei hohen Anforderungen der Genauigkeit mitzubestimmen. Analog zur radialen, wächst auch die tangentiale Verzerrung mit zunehmendem Abstand vom optischen Zentrum, allerdings nicht

3.3. Reduzierung der prinzipbedingten Messfehler

entlang des Richtungsvektors, sonder entlang der Tangentialen von diesem.gentialen verzerrt.

Die Wirkungen dieser beiden Arten der Verzerrung sind in Abbildung 5.9 aufgezeigt.

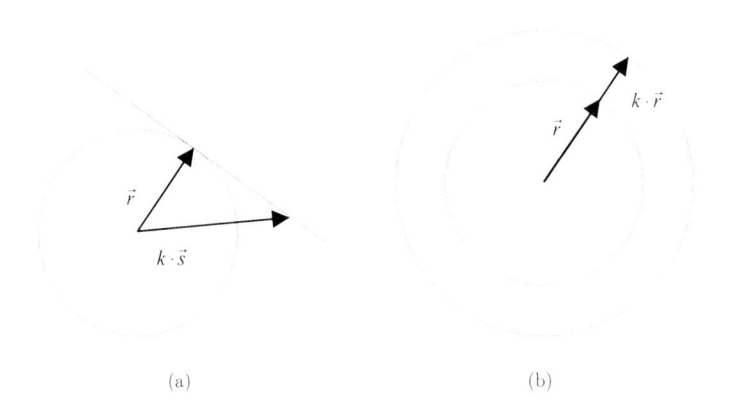

(a)   (b)

Abbildung 3.5: Linsenverzerrungen (a) tangential und (b) radial

Aufgrund der Tatsache, dass die tangentiale Verzerrung der Linse das aufgenommene Bild nur sehr geringfügig verfälscht, wird sie bei gängigen Kalibriermethoden wie beispielsweise nach Zhengyou Zhang nicht berücksichtigt. Bei der radialen Linsenverzerrung wird zwischen zwei Arten unterschieden, der kissenförmigen und tonnenförmigen Verzerrung (vgl. Abbildung 3.6).

Während in Abbildung 3.6 die beiden Ausprägungen der radialen Verzerrung schematisch dargestellt sind, zeigt die folgende Abbildung 3.7 das Auftreten dieser Ausprägungen in realen Szenen.

Bestimmung der Transformationsvorschrift Bei dem angewendeten Kalibrierverfahren handelt es sich um ein so genanntes Testfeld-Kalibrierverfahren, bei dem ein planes Schachbrettmuster als Kalibrierkörper verwendet wird. Das Verfahren nach Zhang zeichnet sich im Besonderen durch seine Einfachheit, Flexibilität und Stabilität aus.

Als Kalibrierkörper kommt, wie bereits erwähnt, ein planes Schachbrettmuster zum Einsatz. Die Ecken der einzelnen Quadrate des Schachbrettmusters dienen dem Kalibieralgorithmus als Kalibriermarken. Für die Kalibrierung werden mindestens zwei Bildaufnahmen des Kalibrierkörpers, aufgenommen aus mindestens zwei unterschiedlichen Perspektiven, benötigt. Die Orientierung des Kalibrierkörpers ist dabei nicht relevant.

Die Genauigkeit der, aus den einzelnen Bildaufnahmen des Kalibrierkörpers, extrahierten intrinsischen und extrinsischen Parameter des Bildsensors lässt sich durch die Anzahl der getätigten Aufnahmen beeinflussen: Je mehr Aufnahmen zur Verfügung stehen, desto höher wird die Genauigkeit des Parameter.

Dem hier beschriebenen Verfahren wird, aufgrund der oben genannten Eigenschaften, sowie des Erachtens des Verfahrens durch einschlägige Fachliteratur als zuverlässig und präzise, der Vorzug gegenüber den zahlreichen weiteren Kalibriermethoden gegeben.

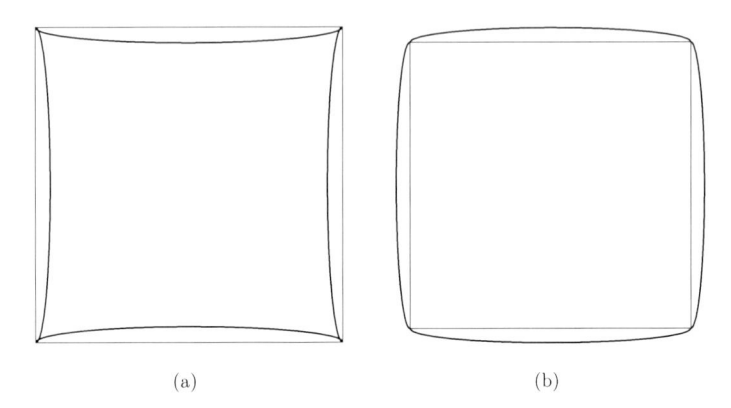

Abbildung 3.6: Schematische Darstellung der beiden **Ausprägungen der radialen Linsenverzerrung**: (a) kissenförmig und (b) tonnenförmig.

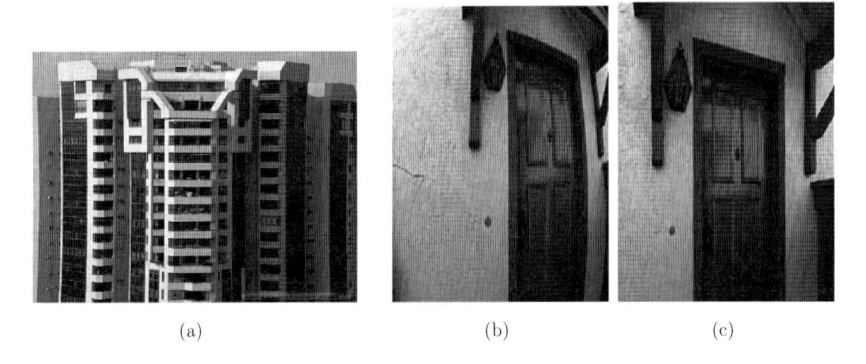

Abbildung 3.7: Die verschiedenen **Ausprägungen der radialen Linsenverzerrung** sind hier in realen Szenen veranschaulicht: (a) kissenförmig, (b) tonnenförmig und (c) Korrektur der tonnenförmigen Verzerrung.
Quelle. [25]

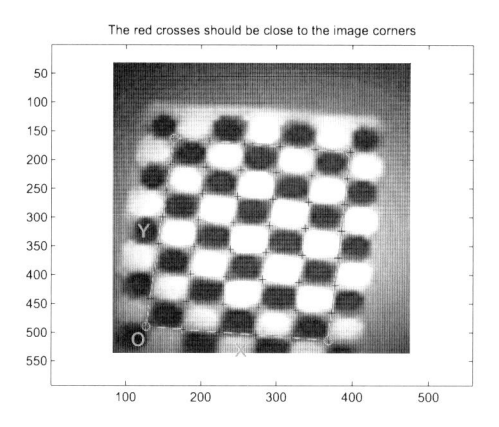

3.3. Reduzierung der prinzipbedingten Messfehler   49

Abbildung 3.8: Als **Kalibrierkörper** dient eines planes Schachbrettmuster (*hier* interpoliert).

3.3.2 Messfehler durch die Abtastung des Messsignals

Die Ermittlung der Entfernungsinformation erfolgt bei der kontinuierlichen Modulationsinterferometrie oder auch indirekten Lichtlaufzeitmessung durch die Regression einer Korrelationsfunktion anhand von vier Abtastpunkten. Die Herleitung dieses Verfahrens wurde bereits in Abschnitt 2.2 im Detail erläutert.

Die Abtastung eines kontinuierlichen Signals mit einer endlichen Anzahl von Abtastpunkten, in diesem Fall von Vier, führt zu einem Messfehler. Dieses begründet sich darin, dass bei Verwendung einer endlichen Anzahl von Abtastpunkten, nicht alle Frequenzen erkannt werden können. Dieses hat zur Folge, dass die gemessene von der realen Entfernung abweicht. In Abbildung 3.9 ist dieser Messfehler visualisiert, die Gemessene *windet* um die reale Entfernung in Form eines Sinus. Die eingezeichneten Funktionen sind Ergebnis einer Simulation. Erwähnung findet dieses Verhalten unter anderem bei Kühnle in [40] und Lindner in [50].

Bei einer unendlichen Anzahl von Abtastpunkten würde dieser Messfehler nicht existieren.

Die Existenz dieses Messfehlers wurde unabhängig von Lange, Rapp und Schmitt in verschiedenen Veröffentlichungen [46][71][70] aufgezeigt. Die verschiedenen Autoren verwenden für diesen Messfehler verschiedene Bezeichnung, während Lange von *Aliasing* spricht, verwenden Schmidt und Rapp die Bezeichnung *wiggling error*.

Während Lange in [45] zur Korrektur so genannte Look-up-Tabellen (LUT) verwendet, verfolgen sowohl Rapp als auch Kolb und Lindner in [36][49] einen anderen Ansatz, die eine Kompensation der Messabweichung durch Regression. Dieser Ansatz wird in Abschnitt 3.3.2 beschrieben.

Herleitung Ausgehend von den mathematischen Grundlagen, vorgestellt in Abschnitt 2.2, sei $\Phi(t, \varphi_d)$ die Strahlungsleistung, die auf ein Bildelement des Bildsensors wirkt, und $U_n(t, \tau_x)$ das Referenzsignal. Die Definition dieser beiden Signale ist in den Gleichungen 3.12f gegeben.

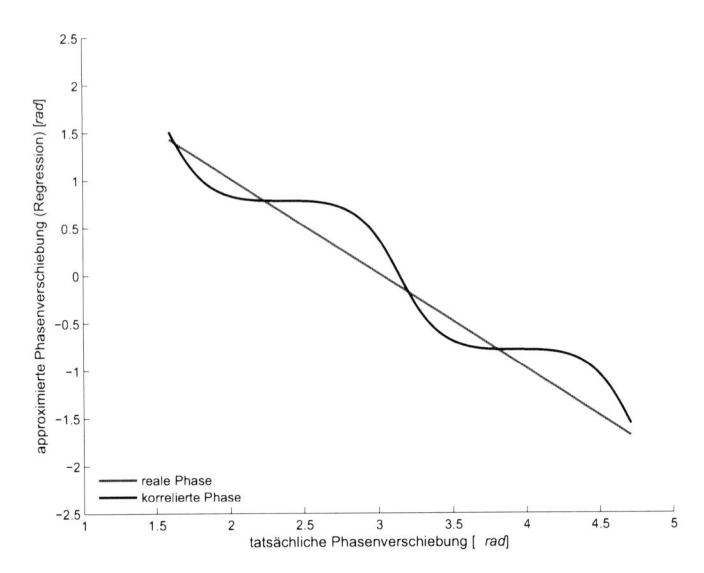

Abbildung 3.9: Der **Messfehler durch eine endliche Anzahl an Abtastpunkten** findet sich in der gemessenen Entfernung (schwarz) wieder, die sich um die reale Entfernung (grau) in Form eines Sinus windet.

$$\Phi(t, \varphi_d) = G_0 + R \cdot \sin(\omega t + \varphi_d) \qquad (3.12)$$
$$U_n(t, \tau_x) = U_0 + U \cdot \sin(\omega t + \tau_x) \qquad (3.13)$$

$\Phi(t, \varphi_d)$: Strahlungsleistung die auf ein Bildelement des Sensors
$U_n(t, \tau_x)$: Referenzsignal

Die Phasenverschiebung, die proportional zur Entfernungsinformation ist und die es zu ermitteln gilt, wird durch die Regression einer Korrelationsfunktion ermittelt. Die Bestimmung der hierzu notwendigen Abtastpunkte ist in Gleichung 3.14 aufgezeigt.

$$\begin{aligned} C_n(\varphi_d, \tau_x) &= \Phi(t, \varphi_d) \otimes U_n(t, \tau_x) \\ &= K + a \cdot cos(\varphi_d + \tau_x) \end{aligned} \qquad (3.14)$$

Hierauf basierend, ergibt sich die Berechnung der Amplitude und der Phasenverschiebung der Korrelationsfunktion zu:

3.3. Reduzierung der prinzipbedingten Messfehler

$$A = \sqrt{\frac{(C_3 - C_1)^2 + (C_0 - C_2)^2}{2}} \tag{3.15}$$

$$\varphi_d = \arctan \frac{C_3 - C_1}{C_0 - C_2} \tag{3.16}$$

Für die Herleitung des Messfehlers wird eine fiktive Strahlungsleistung angenommen, die aus einem Kosinus mit der Grundfrequenz $\omega_0 t$ und einem Kosinus mit der n-fachen Grundfrequenz zusammengesetzt ist.

$$s(t, \varphi_d) = \cos(\omega_0 t - \varphi_d) + \cos(n \cdot \omega_0 t - n \cdot \varphi_d) \tag{3.17}$$

$$s(t, \varphi_d) \circ\!\!-\!\!\bullet\, S(f_0, \varphi_d)$$

$$S(f_0, \varphi_d) = \frac{1}{2}\big(\delta(\omega - \omega_0) \cdot e^{(-j\varphi_d)} + \delta(\omega + \omega_0) \cdot e^{(j\varphi_d)}\big) +$$
$$\delta(\omega - n\omega_0) \cdot e^{(-jn\varphi_d)} + \delta(\omega + n\omega_0) \cdot e^{(jn\varphi_d)}\big) \tag{3.18}$$

Die Entfernungsinformation φ_d basiert auf der entfernungsabhängigen Zeitverzögerung, dem Prinzip der indirekten Lichtlaufzeitmessung. Ausgehend von den, in Kapitel 2.2, beschriebenen Grundlagen erfolgt die Bestimmung der einzelnen Abtastpunkte durch Integration der einfallenden Ladungsträger. Die Dauer dieser Integration wird hier durch eine Rechteckfunktion $rect(t)$-Funktion dargestellt.

Im Folgenden soll diese Rechteckfunktion mit der Funktion der fiktiven Strahlungsleistung korreliert werden. Dieser Vorgang, der einer Faltung im Zeitbereich entspricht, lässt sich im Frequenzbereich durch eine Multiplikation der beiden, mittels der Fast-Fourier-Analyse transformierten, Funktionen darstellen. Die Transformierte der $rect(t)$-Funktion ist durch $sinc(\pi f \frac{T}{2})$ beschrieben. Das Ergebnis der Multiplikation ist in Gleichung 3.19 gegeben:

$$S_{int}(f, \varphi_d) = \frac{1}{2}\Big(a\big(\delta(\omega - \omega_0) \cdot e^{(-j\varphi_d)} + \delta(\omega + \omega_0) \cdot e^{(j\varphi_d)}\big) +$$
$$b\big(\delta(\omega - n\omega_0) \cdot e^{(-jn\varphi_d)} + \delta(\omega + n\omega_0) \cdot e^{(jn\varphi_d)}\big)\Big) \tag{3.19}$$

Die beiden Koeffizienten a und b in Gleichung 3.19 ergeben sich nach [45] durch die Auflösung der Funktion $sinc(\pi f \frac{T}{2})$ bei $f = \frac{1}{T}$ und $f = \frac{n}{T}$. Durch Einsetzten der sich daraus ergebenden Werte für $a = \frac{2}{\pi}$ und $b = -\frac{a}{n}$ und der Abtastung von Gleichung 3.19 mit dem Vierfachen der, aus der Winkelgeschwindigkeit ω_0 resultierenden, Frequenz, ergibt sich Gleichung 3.20, als einzige Überlagerung der beiden Frequenzspektren.

$$S_{int.sample}(f) = \frac{1}{\pi}\left[e^{-j\varphi_0} + \frac{1}{n}e^{j(n\varphi_0 - \pi)}\right] \tag{3.20}$$

Aus Gleichung 3.19 lassen sich dann die Amplitude und die Phasenverschiebung ableiten.

$$A_{f_0} = \frac{1}{\pi} \sqrt{\left[cos(-\varphi_d) + \frac{1}{n} \cdot cos(n\varphi_d - \pi) \right]^2 + \left[sin(-\varphi_d) + \frac{1}{n} \cdot sin(n\varphi_d - \pi) \right]^2} \quad (3.21)$$

$$\varphi_{f_0} = atan \left\{ \frac{sin(-\varphi_0) + \frac{1}{n} \cdot sin(n\varphi_d - \pi)}{cos(-\varphi_d) + \frac{1}{n} \cdot cos(n\varphi_d - \pi)} \right\} \quad (3.22)$$

A_{f_0} : Amplitude
φ_{f_0} : Phasenverschiebung

Möglichkeit der Kompensation In [46] wird von Lange neben der Herleitung der Messabweichung bereits ein einfacher Ansatz zur Kompensation vorgestellt. Dieser basiert auf einer so genannten Look-up Tabelle (LUT). Eine effizientere Möglichkeit der Kompensation wird von Lindner und Kolb in [49][35] präsentiert. Anhand von Referenzmessungen einer planen Fläche in definierten Abständen werden die entsprechenden Messabweichungen bestimmt. Diese Abweichungen werden für die Bildung einer Ausgleichsfunktion genutzt, welche als Berechnungsgrundlage für die Kompensation dient. Während Lindner und Kolb eine globale Ausgleichsfunktion nutzen, um den Rechenaufwand gering zu halten, besteht der wesentliche Unterschied zu dem hier Vorstellten (vgl. Papadoudis in [65]) darin, dass hier für jeden Bildpunkt eine lokale Ausgleichsfunktion bestimmt wird, da die Genauigkeit im Vordergrund steht.

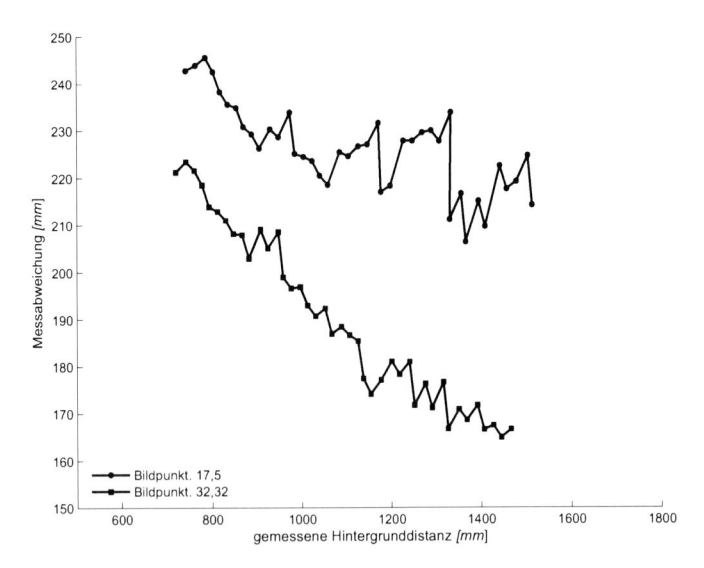

Abbildung 3.10: Messabweichungen der Referenzmessungen exemplarisch für zwei Bildpunkt.

Für mehrere Aufnahmen n der planen Fläche mit dem definierten Abstand d_k werden die Messabweichungen $\Delta d_{k_{n_{ij}}}$ ermittelt und in ein Diagramm eingetragen (vgl. Abbildung

3.3. Reduzierung der prinzipbedingten Messfehler

3.10). Die Bestimmung der Ausgleichsfunktion erfolgt mit Hilfe einer Spline-Interpolation. Bei einem Spline handelt es sich um eine zusammengesetzte Funktion, die in mehrere Intervalle unterteilt ist, von denen jedes durch ein eigenes Polynom angenähert wird.

In diesem Fall werden so genannte B-Splines verwendet, bei denen das Polynom durch so genannte Beziérkurven[4] gebildet wird. Für die Bestimmung dieser Beziérkurven sind Knotenpunkte v notwendig. Grundsätzlich gilt, dass für ein Polynom des $n$ten-Grades, $n+1$ Knotenpunkte für die Berechnung benötigt werden. Bei diesen Knotenpunkten handelt es sich um ausgewählte Messabweichungen $\Delta d_{k_{n_{ij}}}$. Die Messabweichungen, die als Knotenpunkte in Betracht kommen, sind diejenigen, bei denen die Summe der Abstandsquadrate minimal ist (Methode der kleinsten Quadrate). Dieser Zusammenhang ist in Gleichung 3.23 dargestellt.

$$v_{k_{ij}} = min \left[\sum (\Delta d_{k_{n_{ij}}} - d_k)^2 \right] \tag{3.23}$$

d_k : Referenzmessung im Abstand k
$\Delta d_{k_{ij}}$: Messabweichung zur Referenzmessung k für einen Bildpunkt

Diese Methode liefert für jeden gemessenen Abstand k einen Knotenpunkt v, der für die Ermittlung der Splines in Betracht kommt. Die Menge dieser Knotenpunkte ist in dem Knotenvektor oder Knotenpolygon v_k enthalten und dient als Basis für den zu bestimmenden Spline. Der Vektor v_k wird nun in Intervalle zerlegt, die dann jeweils durch eine Beziérkurve dritten Grades beschrieben wird. Grundlage der Beziérkurven sind die so genannten Bernsteinpolynome, welche in Gleichung 3.24ff gegeben sind.

$$B_0(t) = (1-t)^3 \tag{3.24}$$
$$B_1(t) = 3(1-t)^2 \cdot t \tag{3.25}$$
$$B_2(t) = 3(1-t) \cdot t^2 \tag{3.26}$$
$$B_3(t) = t^3 \tag{3.27}$$

$B_n(t)$: Bernsteinpolynom $n$ten-Grades
t : Teilungsfaktor $[0,1] := \{x \in \mathbb{R} | 0 < x < 1\}$

Die in Gleichung 3.24ff aufgezeigten Bernsteinpolynome sind in der folgenden Abbildung 3.11 grafisch veranschaulicht.

Die Konstruktion der Beziérkurve wird anhand der zu dem jeweils betrachteten Intervall gehörigen Kontrollpunkte realisiert. Die Berechnungsvorschriften für eine Beziérkurve mit vier Knotenpunkten sind in den Gleichungen 3.28f. Durch die schrittweise Erhöhung des Teilungsfaktors t erfolgt die Bestimmung der Beziérpunkte P_t. Je kleiner die Schrittweite dieses Teilungsfaktors ist, desto exakter die Annäherung durch die Beziérkurve.

---

[4]Pierre Étienne Bézier (* 1. September 1910 in Paris; † 25. November 1999) war ein französischer Ingenieur.

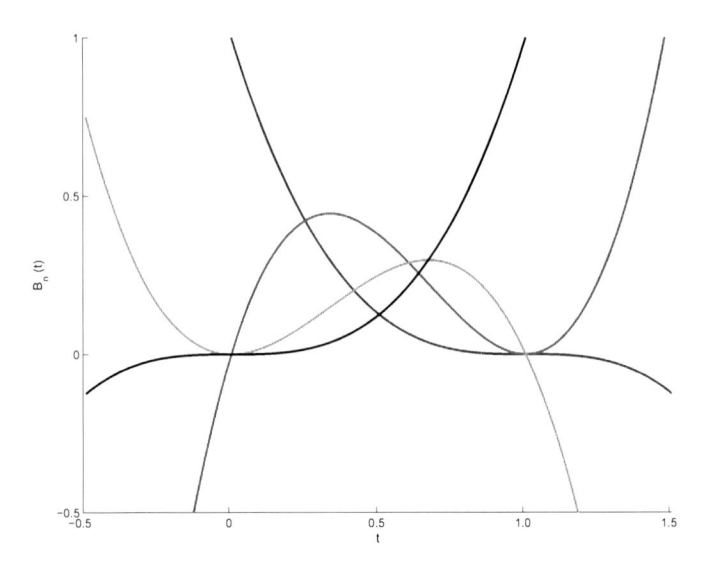

Abbildung 3.11: Visualisierung der Bernsteinpolynome: $B_0(t)$(grau), $B_1(t)$(grau), $B_2(t)$(grau) und $B_3(t)$(schwarz)

$$P_t(x) = x_0 \cdot B_0(t) + x_1 \cdot B_1(t) + x_2 \cdot B_2(t) + x_3 \cdot B_3(t) \qquad (3.28)$$
$$P_t(y) = y_0 \cdot B_0(t) + y_1 \cdot B_1(t) + y_2 \cdot B_2(t) + y_3 \cdot B_3(t) \qquad (3.29)$$

P_t : Beziérpunkt für den Teilungsfaktor t

Diese Vorgehensweise ist in Abbildung 3.12 veranschaulicht.

Erfolgt die Ermittlung von Beziérkurven für das gesamte Knotenpolygon v_k, dann handelt es sich um eine so genannte B-Spline-Kurve. Um einen steigungsgleichen Übergang der einzelnen Beziérkurven zu gewährleisten, überschneiden sich der letzte Knotenpunkt des vorhergehenden Intervalls mit dem des aktuellen Intervalls.

Die B-Spline-Kurve, die auf diese Weise bestimmt wurde, kann als Regressionskurve für Korrekturen der Messabweichungen genutzt werden (vgl. Abbildung 3.13).

Mit Hilfe des in diesem Absatz vorgestellten Verfahrens zur Erstellung von Regressionskurven lassen sich die Messabweichungen, exemplarisch gezeigt in Abbildung 3.10, signifikant korrigieren. In Abbildung 3.14 ist die Anwendung dieser Regressionskurven auf reale Messdaten gezeigt.

Die Ergebnisse der Anwendung des entwickelten und in diesem Abschnitt präsentierten Korrekturverfahrens auf reale Messdaten sind in Abschnitt 5.3.2 gegeben.

3.3.3 Fehlerbehaftete Intensitätsmessung

Die lateral kalibrierten Messdaten, sowohl für die Entfernungs- als auch die Intensitätsmessung, sind trotz der, in Abschnitt 3.3.1 beschriebenen, Korrektur mit weiteren Mess-

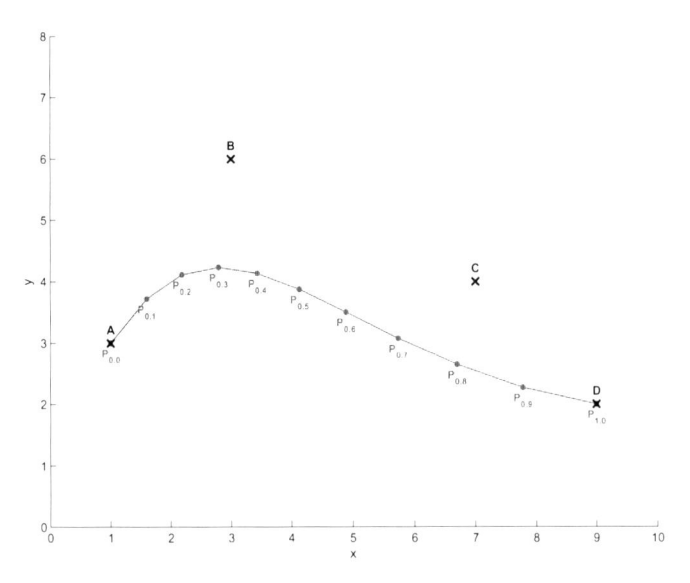

3.3. Reduzierung der prinzipbedingten Messfehler

Abbildung 3.12: **Konstruktion einer Beziérkurve $n$ten-Grades** als Ausgleichsfunktion mit vier Kontrollpunkten

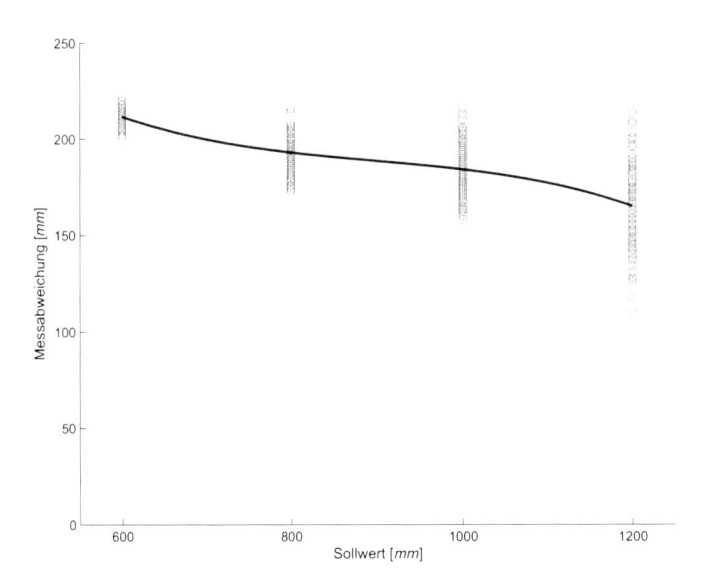

Abbildung 3.13: **Regressionskurve für die Messabweichungen der Referenzmessungen** Regressionskurve (schwarz) und Messabweichungen der Referenzmessungen (grau)

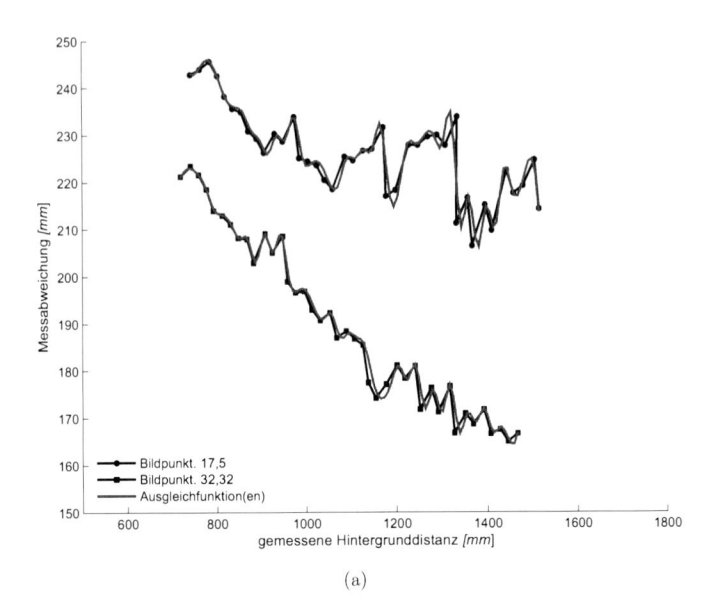

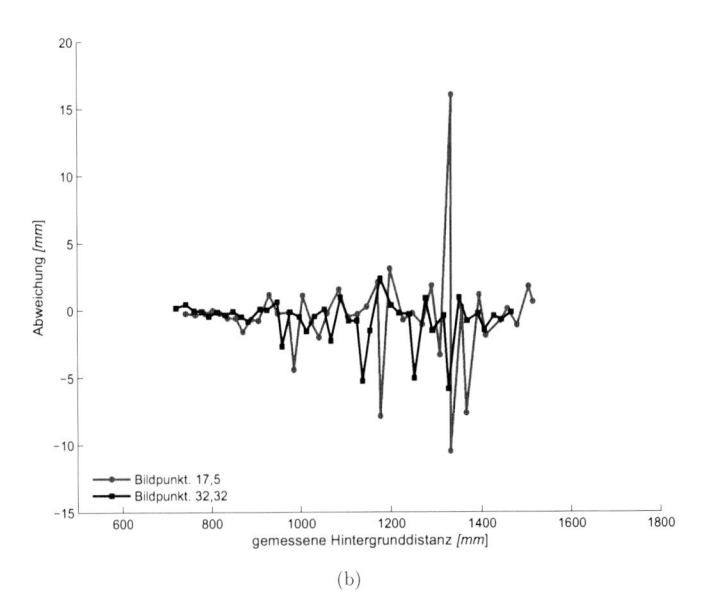

Abbildung 3.14: Durch **Anwendung der Regression** lassen sich die Messabweichungen signifikant reduzieren: (a) illustriert die zu den Messreihen gehörigen Regressionskurven, (b) die resultierende Messabweichung.

3.3. Reduzierung der prinzipbedingten Messfehler

fehlern behaftet. Die Einflüsse auf die gemessenen Entfernungen bedingt durch die Abtastung des Messsignals wurden bereits in 3.3.2 detailliert erläutert und eine Möglichkeit der Kompensation aufgezeigt.

In diesem Abschnitt wird auf die Korrektur der Intensitätsmessung eingegangen. Diese ist mehrstufig und zum Einen abhängig von der Entfernung und zum Anderen von der Reflektivität der Szenenoberfläche. Beide Messabweichungen werden in den folgenden Abschnitten hergeleitet und es werden Möglichkeiten zur Korrektur beschrieben.

Entfernungsabhängiger Messfehler

Die Intensität der Szenenoberfläche sollte im Idealfall die Helligkeit dieser repräsentieren und unabhängig von der Entfernung sein. Allerdings hat die Entfernung einen Helligkeitsabfall zur Folge, wie von Falie und Oprisescu in [7][61] beschrieben. Dieser Abfall ist bei monofrequenten Wellen, wie hier dem emittierten Lichtsignal, umgekehrt proportional zum Quadrat der Entfernung. Die theoretische Grundlage dieses Verhaltens wird von Saleh in [75] erläutert.

$$A' = A \cdot \frac{1}{d^2} \tag{3.30}$$

A : ideale Amplitude
A' : reale Amplitude
d : Entfernungsinformation

Korrektur Die, für die Korrektur notwendige, Entfernungsinformation d wird zwar von dem verwendeten Messsystem zur Verfügung gestellt, allerdings ist diese mit Messabweichungen behaftet (vgl. Abschnitt 3.3.2). Aus diesem Grund ist es essentiell, die bereits korrigierten Messdaten für die Kompensation zu verwenden.

$$A_{korr} = A' \cdot d_{korr}^2 \tag{3.31}$$

A_{korr} : korrigierte Amplitude
A' : reale Amplitude
d_{korr} : Entfernungsinformation

Die korrigierten Messdaten können dann für die Korrektur des reflektivitätsbedingten Messfehler genutzt werden.

Reflektivitätsbedingte Messfehler

Die Reflektion von optischer Strahlung wird durch das **Lambert'sche Gesetz**, nach Johann Friedrich Lambert[5], definiert. Es beschreibt die Abhängigkeit der reflektierten Strahlungsstärke Φ eines ideal diffus reflektierenden Flächenstücks A (einer so genannten *Lambert-Fläche*) vom Betrachtungswinkel θ.

---

[5]Johann Heinrich Lambert (* 26. August 1728 in Mülhausen (Elsass); † 25. September 1777 in Berlin) war ein schweizerisch-elsässischer Mathematiker, Logiker, Physiker und Philosoph, der u. a. die Irrationalität der Zahl Pi bewies.

Dieser Zusammenhang ist in Gleichung 3.32 illustriert.

$$d\Phi = L \cdot \cos\alpha \cdot dA \qquad (3.32)$$

Φ : Strahlungsstärke
L : Strahldichte (*konstant*)
α : Abstrahlwinkel
A : Fläche

Allerdings basiert die Reflektion von monofrequenter, optischer Strahlung auf der Wechselwirkung von Absorption und Reflektion. Bei sehr stark absorbierenden Materialien – wie den Metallen (Drahtgitter in vertikaler Richtung) – kann eine Welle kaum in das Material eindringen; nahezu die gesamte einfallende Energie wird reflektiert. Bei weniger stark absorbierenden Stoffen wird die Energie der eindringenden Welle allmählich in Wärme umgewandelt. Dabei besteht eine direkte Abhängigkeit von der Wellenlänge λ der reflektierten optischen Strahlung.

Sofern die Strahlungsleistung das Medium ungehindert passieren kann, wird das Medium als durchlässig bezeichnet. Wenn sich die Strahlungsleistung beim Durchgang verringert, kann dies zwei Ursachen haben. Entweder wird ein Teil dieser Strahlung von dem Medium absorbiert oder aber der Teil der Strahlung wird gestreut.

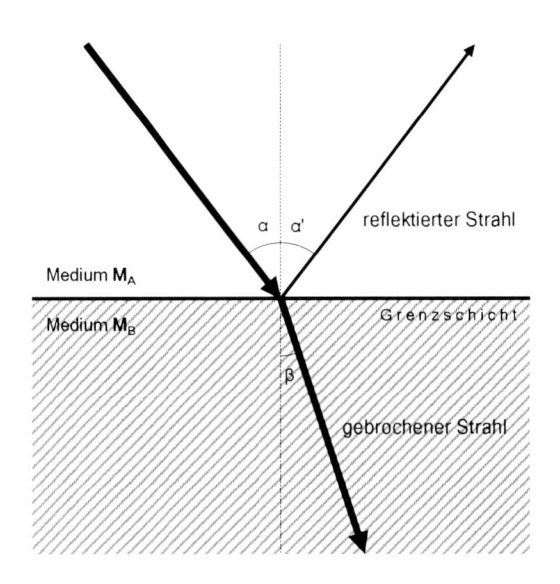

Abbildung 3.15: Veranschaulichung der Wechselwirkung von **Absorption und Reflektion** anhand der Reflektion eines einfallenden Lichtstrahls.

Der geringe Anteil der Strahlung der reflektiert wird, ist abhängig von der relativen Brechzahl der Medien zueinander. Diese gibt an, wie stark ein Medium im Vergleich zu

3.3. Reduzierung der prinzipbedingten Messfehler

einem Anderen das Licht bricht. Im Gegensatz dazu ist die absolute Brechzahl der Wert, der die Brechung von Licht einer bestimmten Wellenlänge eines Mediums relativ zum Vakuum angibt.

Das Verhältnis der Amplitude der einfallenden Welle zur der Amplitude der reflektierten Welle in Abhängigkeit der Brechzahl der beiden Medien wird durch die **Fresnel'sche Formel**[6] (siehe Gleichung 3.33) ausgedrückt.

$$\frac{E_R}{E_E} = \frac{1-n}{1+n} \tag{3.33}$$

E_E : Amplitude der einfallenden Welle
E_R : Amplitude der reflektierten Welle
n : Brechzahl

Da sich die Energie proportional dem Quadrat der Amplitude verhält, ist der Reflexionsgrad ρ definiert durch $\frac{E_R^2}{E_E^2}$. Somit ergibt sich für den Reflexionsgrad:

$$\rho = \frac{(1-n)^2}{(1+n)^2} \tag{3.34}$$

ρ : Reflektionsgrad

Allerdings ist Gleichung 3.34 in dieser Form lediglich für Medien gültig, deren Absorptionskoeffizient a vernachlässigbar klein ist.

Trifft dieses nicht zu, so ist der komplexe Absorptions- bzw. Extinktionskoeffizient κ anzusetzen.

Die optischen Eigenschaften von Materialien lassen sich durch eine komplexe Brechzahl beschreiben (vgl. Gleichung 3.35). κ bezeichnet man in diesem Zusammenhang als Extinktionskoeffizienten, der die Lichtschwächung aufgrund von Absorption und Streuung beschreibt.

$$\underline{n} = n - \jmath\kappa \tag{3.35}$$

$\underline{n}$: komplexe Brechzahl

Aus der komplexen Brechzahl und der daraus resultierenden komplexen Kreiswellenzahl folgt nach der Definition von Pedrotti in [67] dann die so genannte Extinktionskonstante, wie in Gleichung 3.36 aufgezeigt.

---

[6]Augustin Jean Fresnel (* 10. Mai 1788 in Broglie (Eure); † 14. Juli 1827 in Ville-d'Avray bei Paris) war ein französischer Physiker und Ingenieur, der wesentlich zur Begründung der Wellentheorie des Lichts und zur Optik beitrug. Er studierte sowohl theoretisch als auch experimentell das Verhalten von Licht.

$$K = \frac{4 \cdot \pi}{\lambda} \cdot \kappa \tag{3.36}$$

λ : Wellenlänge
κ : Extinktionskoeffizient

Für die Schwächung der Lichtleistung gilt dann das **Lambert-Beer[7]'sche Absorptionsgesetz**, gegeben in Gleichung 3.37.

$$\Phi = \Phi_0 \cdot e^{-Kx} \tag{3.37}$$

x : Schichtdicke

Die optischen Eigenschaften von Oberflächen bzw. Materialien, die auf diese Art und Weise charakterisiert wurden, können die Distanzmessung nach dem Prinzip der kontinuierlichen Modulationsinterferometrie nachteilig beeinflussen. Bei Materialien, die über schlechte Reflektionseigenschaften (abhängig von der Wellenlänge λ) verfügen, führt dies zu einer fehlerbehafteten Distanzmessung; ebenso wie bei Materialen mit spiegelnden Reflektionseigenschaften.

Aus diesem Grund ist es notwendig, die Reflektionseigenschaften der Oberflächen bzw. Materialien, die Element der betrachteten Szene sind, in die zu entwerfende Methode zur Korrektor/ Kalibrierung der Distanz mit einzubeziehen. Ein Ansatz hierfür wird, basierend auf den gemessenen Distanz- und Amplitudeninformationen, in Abschnitt 4.4 präsentiert.

Polarisation

Dringt ein Lichtstrahl in ein dichteres Medium ein, gelten für die resultierende Reflektion bzw. Brechung des Lichtstrahls die beiden folgenden Gesetze:

- Reflektionsgesetz $\alpha = \alpha'$
- Gesetz von Snellius $n_A \sin(\alpha) = n_B \sin(\beta)$

Entspricht der Winkel zwischen dem gebrochenen (auch transmittierten) Lichtstrahl β und dem reflektierten Lichtstrahl (Ausfallswinkel) α' $\frac{\pi}{2}$, kann nach [52] keine Lichtwelle initiiert werden, deren Polarisationsrichtung in der Einfallsebene liegt, die durch den einfallenden und gebrochenen Lichtstrahl aufgespannt wird. Der reflektierte Lichtstrahl ist gänzlich polarisiert; seine Polarisationsebene ist senkrecht zur Einfallsebene angeordnet.

Eine Betrachtung der Winkel ergibt, dass $\beta + \alpha' = \frac{\pi}{2}$. Der Brewster-Winkel[8], benannt nach seinem Entdecker Sir David Brewster, ist in Gleichung 3.38 gegeben. Eine Erläuterung der einzelnen Winkel ist in Abbildung 3.15 veranschaulicht.

---

[7]August Beer (* 31. Juli 1825 in Trier; † 18. November 1863 in Bonn) war ein deutscher Mathematiker, Chemiker und Physiker.

[8]Der Brewster-Winkel oder auch Polarisationswinkel gibt den Winkel an, bei dem von einfallenden, unpolarisierten Lichtstrahlen nur senkrecht zur Einfallsebene polarisierte Anteile reflektiert werden. Die reflektierte Lichtstrahlung ist daraufhin linear polarisiert.

3.3. Reduzierung der prinzipbedingten Messfehler

$$\beta = \arctan(\frac{n_B}{n_A}) \qquad (3.38)$$

n_x : Brechzahl
α : Einfallswinkel
α' : Reflektionswinkel
β : Winkel des transmittierten Lichtstrahls
  zur Normalen der Grenzschicht

Unpolarisierte Lichtstrahlen können mit Hilfe entsprechender polarisierender Folien gefiltert werden. Diese so genannten Polfilter besitzen eine antisotropische Eigenschaft, welche bei der Herstellung durch Dehnung entsteht. Somit kann nur eine Oszillationsrichtung, die Polarisationsrichtung, der Lichtstrahlung derartige Filter bzw. Folien passieren. Strahlen, die nicht der vorgegebene der Richtungorientierung entsprechen, werden nach Qualität der Filter mehr oder weniger gut absorbiert.

Polarisation bei der kontinuierlichen Modulationsinterferometrie Messsysteme, die auf dem Prinzip der kontinuierlichen Modulationsinterferometrie beruhen, emittieren unpolarisierte Lichtstrahlen.

Die Reflektionseigenschaften, vornehmlich der Reflektionsgrad ρ, korrelieren mit dem Einfallswinkel der Lichtstrahlen. Besondere Bedeutung kommt hierbei dem Brewster-Winkel zu, der den Anteil der reflektierten Lichtstrahlen signifikant beeinflusst und damit auch dessen Intensität. Demzufolge ist die Intensität der reflektierten Lichtstrahlung auch indirekt abhängig von der Polarisation.

Allerdings hat dieses Verhalten keinen Einfluss auf die Bestimmung der Distanz, welche gemäß Gleichung 2.10 dem Prinzip des Phasenschiebeverfahrens folgt. Hierbei wird die Distanz anhand von vier punktuellen Intensitätsmessungen (Stützstellen) ermittelt. Aufgrund der Differenz- und Quotientenbildung werden sowohl additive als auch multiplikative (Polarisations-) Einflüsse eliminiert. Dieses setzt voraus, dass der Einfallswinkel der Lichtstrahlen sich über innerhalb einer Messung nicht verändert. Der Phasenversatz, der auf diese Art und Weise ermittelt wurde, korreliert folglich nicht mit der Polarisation.

Die Möglichkeit, sich den Effekt der Polarisation zunutze zumachen, um den Streulichtanteil zu reduzieren, scheitern aus folgenden Gründen:

- Bei Verwendung eines (Pol-) Filters, angebracht vor dem Detektor, wird nur der Signalanteil der reflektierten Lichtstrahlung durchgelassen, der unter dem Brewster-Winkel reflektiert wird. Dieser Signalanteil ist aber unbedeutend und im Regelfall für eine Distanzbestimmung nicht ausreichend. In diesem Zusammenhang ist außerdem zu beachten, dass derartige Folien in dem relevanten Wellenlängenbereich über einen niedrigen Transmissionsgrad τ verfügen und somit die Intensität des ohnehin niedrigen Signals weiter dämpfen.
- Denkbar ist allerdings auch, dass zwei Filter eingesetzt werden, sowohl eine polarisierende Folie vor dem Emitter und eine vor dem Detektor. Bei diesem Vorgehen wird das Signal um τ^2 gedämpft. Dieses hat zur Folge, dass die detektierten Intensitäten derart gering sind, dass sie zur Bestimmung der Distanzinformation nicht mehr herangezogen werden können.

3.4 Zusammenfassung

Die Charakterisierung des Messprinzips der kontinuierlichen Modulationsinterferometrie ermöglicht zum Einen die Vergleichbarkeit mit anderen Messverfahren, zum Anderen können mit Hilfe dieses Verfahrens mögliche Ursachen für Messfehler und -abweichungen festgestellt und analysiert werden.

Der Fokus bei der Bestimmung der Charakteristika liegt auf der Beeinflussung der Messergebnisse durch interne bzw. externe Faktoren. Zu diesem Zweck werden verschiedene Experimente entwickelt, bei denen neben der Untersuchung möglicher Messabweichungen, wie sie beispielsweise durch Temperatureinflüsse oder unterschiedliche Umgebungslichtverhältnisse auftreten können, auch die Reproduzierbarkeit der Messergebnisse zur Beurteilung herangezogen werden.

Anhand dieser Messreihen konnten auch die Teile der prinzipbedingten Messfehler, wie die Messfehler verursacht durch die Abtastung des Messsignals, nachgewiesen werden. Der Nachweis dieses Messfehlers geht mit der Analyse der Ursache und der Präsentation von geeigneten Lösungsansätzen einher. Darüber hinaus wurden weitere prinzipbedingte Messfehler, wie die laterale Kalibrierung und die fehlerhafte Intensitäts- bzw. Amplitudenmessung erforscht. Während die laterale Kalibrierung für die Vermessung von Objekten innerhalb der Bildebene von essentieller Bedeutung ist, hat die fehlerhafte Amplitudenmessung direkt keinen Einfluss auch die Distanzmessung. Allerdings werden diese Informationen für die spätere Methode zur Kompensierung des Streulichtanteils benötigt, so dass eine entsprechende Korrektur unabdingbar ist.

Kapitel 4

Analyse der Streulichteffekte und Ansätze zur Kompensierung

4.1	Motivation	64
4.2	Analyse der Streulichtquellen	65
	4.2.1 Ursachenanalyse	66
	4.2.2 Mathematisches Modell	68
	4.2.3 Analyse der möglichen Ursachen und Auswirkungen	73
4.3	Optische Streulichtunterdrückung	86
4.4	Algorithmische Streulichtkompensierung	87
4.5	Zusammenfassung	98

4.1 Motivation

Das Verfahren zur Aufbereitung der Messdaten, welches in Kapitel 3.3 vorgestellt wurde, erzielt passable Ergebnisse, allerdings sind auch diesem Grenzen gesetzt. Bei der kontinuierlichen Modulationsinterferometrie ist die betrachtete Szene selbst oft Ursache für diese, als so genannte szenenbedingte Messabweichungen bezeichneten, Messfehler.

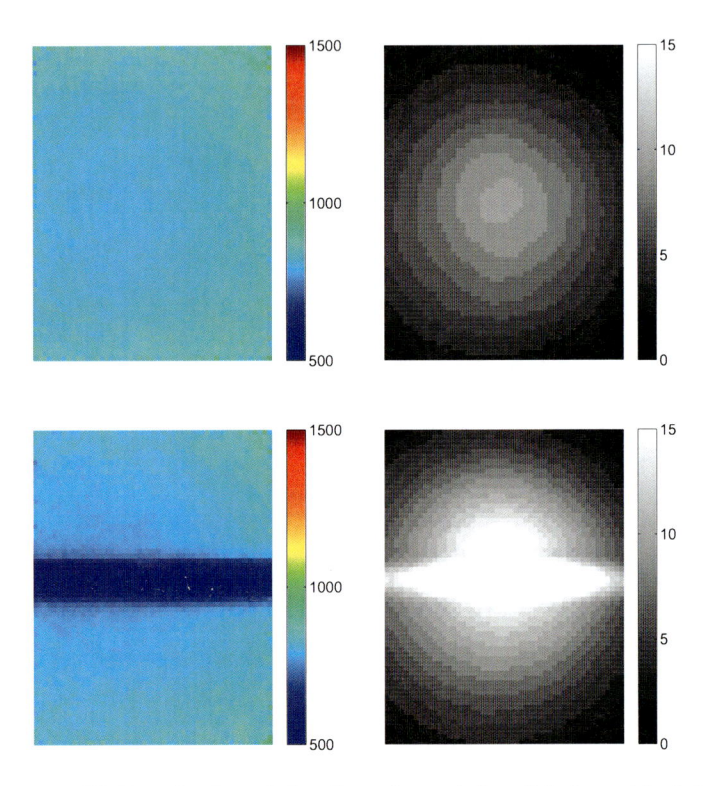

Abbildung 4.1: Einfluss des Streulichts Das auftretende Streulicht (*unten*) beeinflusst nicht zur die Distanzinformationen (*links*), sondern auch die gemessenen Intensitätswerte (*rechts*).

Die Messfehler, die auf diese Art und Weise entstehen, führen zu einer nachteiligen, lokalen Beeinträchtigung der Punktbildfunktion[1] (PSF) des optischen Systems. Die Abbildung einer Szene entsteht durch die Faltung der Intensitäts- bzw. Distanzverteilung der Szene mit der Punktbildfunktion.

Vereinfacht lässt sich dieser Zusammenhang im Frequenzbereich auflösen. Die Fouriertransformierte der Punktbildfunktion ist die Optische Transferfunktion (OTF). Die

---
[1] Die Punktbildfunktion beschreibt, wie ein punktförmiges Objekt, beeinflusst durch Einflussfaktoren, wie Abbildungsfehler oder Öffnungswinkel der abbildenden Optik, auf durch das Messsystem abgebildet wird.

Analyse dieser Beeinträchtigung wird in dem folgenden Abschnitt näher erläutert.

Analog zu den Verfahren zur Reduzierung bzw. Unterdrückung von Streulichteffekten bei der herkömmlichen Intensitätsmessung, lassen sich auch bei der kontinuierlichen Modulationsinterferometrie durch Modifikationen an dem Abbildungssystem des optischen Systems die szenenbedingten Messabweichungen reduzieren. Verschiedene ineinander greifende Möglichkeiten der Modifikation der Optik sind in dem Abschnitt 4.3 gegeben.

Während diese Reduzierung der Streulichteffekte nach [29][44] bei der Intensitätsmessung mit herkömmlichen Bildsensoren hinreichend befriedigende Ergebnisse liefert, führt der verbleibende Streulichtanteil bei der Entfernungsmessung auch weiterhin zu signifikanten Messabweichungen. Dieses kann dadurch erklärt werden, dass sich das Streulicht homogen auf die gesamte Messung auswirkt. Bei der Intensitätsmessung ist dieser verbleibende Kontrastverlust qualitativ nur schwer nachweisbar bzw. mit bloßem Auge nicht erkennbar. Im Gegensatz dazu ist dieser Kontrastverlust bei der Entfernungsmessung nach dem Prinzip der kontinuierlichen Modulationsinterferometrie anhand der absoluten Entfernungsinformationen zahlenmäßig belegbar.

Eine Kompensierung dieses verbleibenden Streulichtanteils ist lediglich durch einen algorithmischen Ansatz möglich. In Abschnitt 4.4 werden zunächst die Einflussfaktoren auf die Entstehung des Streulichts untersucht und basierend auf den so gewonnenen Erkenntnissen ein algorithmischer Ansatz zur Kompensierung des verbleibenden Streulichtanteils entworfen.

4.2 Analyse der Streulichtquellen

In zahlreichen Veröffentlichungen, wie von Koch und Rapp in [70][31], werden szenenbedingte Messabweichungen zwar erwähnt, allerdings lediglich als Randnotiz und ohne eine konkrete Lösung für diese Problematik aufzuzeigen. Eine Möglichkeit, welche auch Rapp vorschlägt, ist die Modifikation der Szenengeometrie zum Vorteil der kontinuierlichen Modulationsinterferometrie, dieses ist jedoch selbst nur dann ansatzweise möglich, wenn sich die Geometrie der Szene über die Zeit statisch verhält. Für einen Großteil der Anwendungen ist dieses nicht möglich, da die Dynamik der Szene unendlich ist und auf derartige Messabweichungen *just-in-time* reagiert werden muss.

Diese Messabweichungen werden, aufgrund ihrer Auswirkungen, der Verschiebung der gemessenen Distanz, auch als **Distanzverschiebung** oder auch **Distanzkrümmung** bezeichnet.

In den folgenden Abschnitten sollen diese so genannten Distanzkrümmungen sowohl auf ihre Ursachen hin untersucht als auch die Einflussfaktoren ermittelt werden, die die Distanzkrümmung wesentlich beeinflussen. Weiterhin wird ein Modell gezeigt, welches die mathematischen Zusammenhänge der Distanzkrümmung beschreibt. Anhand der ermittelten Einflussgrößen und des Modells wird eine neuartige Methode zur Kompensation des Messfehlers präsentiert, welche im Fortgang unter Verwendung realer Messdaten validiert wird.

4.2.1 Ursachenanalyse

Der Einsatz von Messsystemen, die auf dem Prinzip der kontinuierlichen Modulationsinterferometrie beruhen, hat gezeigt, dass Distanzkrümmungen zwei unterschiedliche Quellen haben können:

- Objekte in geringem Abstand oder mit signifikant hoher Reflektivität im Strahlengang des optischen Systems (**Typ A**) und
- szenenbedingte Mehrfach-Reflektionen (**Typ B**).

Sofern sich Objekte im Strahlengang des optischen Abbildungssystems befinden und eine geringe Distanz zu diesem aufweisen, entsteht so genanntes Streulicht, welches ursächlich ist für die resultierende Distanzkrümmung. Dieses Streulicht beeinflusst die Punktbildfunktion des optischen Systems und in diesem Zusammenhang auch die Modulationstransferfunktion [2] (MTF), die den Realteil der OTF darstellt.

Aufgrund des kumulativen Effekts der Punktbildfunktion, erzeugt das von dem streulichtverursachenden Objekt reflektierte Lichtsignal einen signifikanten, homogenen Streulichtanteil im Gesamtbild.

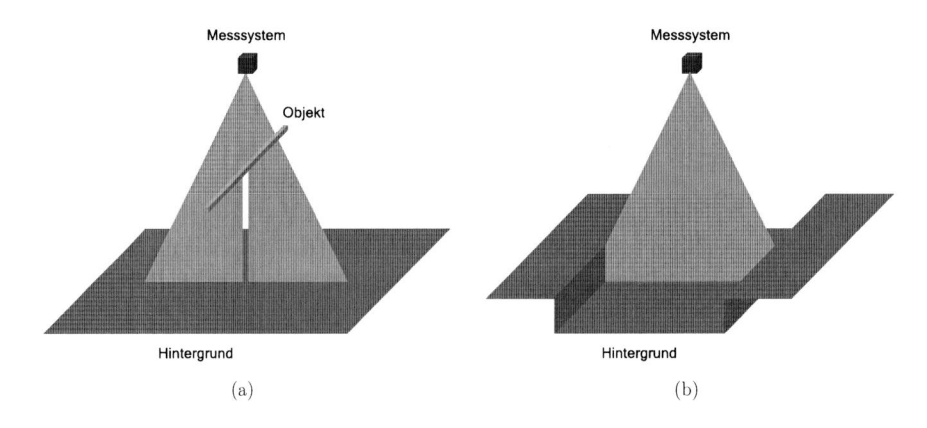

Abbildung 4.2: **Ursachen der szenenbedingten Messabweichungen** können sowohl Objekte in geringem Abstand bzw. mit signifikant hoher Reflektivität im Strahlengang des Sensors (a) und Mehrfach-Reflektionen (b) sein.

Ähnlich verhält es sich mit szenenbedingten Mehrfach-Reflektionen. Anstelle eines Streulicht verursachenden Objekts, dass das Streulicht direkt in das Nutzlicht, dem von der Szene reflektierten Lichtsignal, einkoppelt, entsteht das Streulicht in diesem Fall durch mehrfache Reflektionen in der Szene selbst, ähnlich einer Lichtfalle (vgl. Abbildung 4.2).

Streulicht tritt generell in allen optischen Systemen auf, jedoch mit unterschiedlichen Ausprägungen und Auswirkungen. Während Streulicht bei der Intensitätsmessung

---
[2]Die Modulationstransfer- oder Modulationsübertragungsfunktion ist die mathematische Beschreibung des Kontrastverlusts zwischen dem Kontrast des Objekts und dem Kontrast der *bildlichen Darstellung* des Objekts, als Funktion der räumlichen Wellenzahl k.

4.2. Analyse der Streulichtquellen

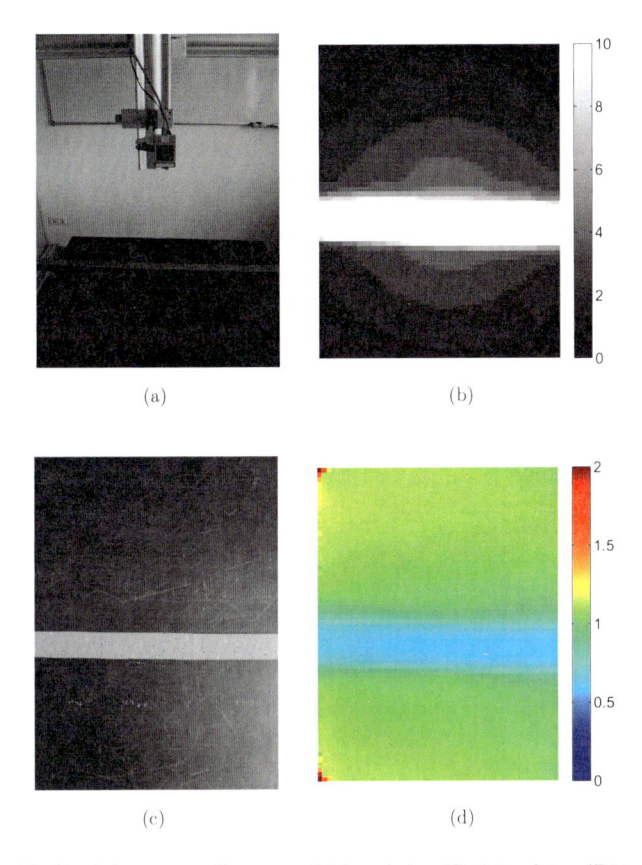

(a) (b)

(c) (d)

Abbildung 4.3: Beziehung von Szene und Messdaten Die Messdaten (Distanz/ Amplitude), die im Fortgang dieser Arbeit präsentiert werden, sind wie folgt zu interpretieren: In Abbildung (a) ist der verwendete Versuchsaufbau illustriert. Abbildung (c) zeigt die relevante Szene, aufgenommen mit einem herkömmlichen Bildsensor. Die beiden *rechten* Abbildungen zeigen die Distanzinformationen in Falschfarben-Darstellung (b) und die Intensitätsinformationen (d), dargestellt in Graustufen.

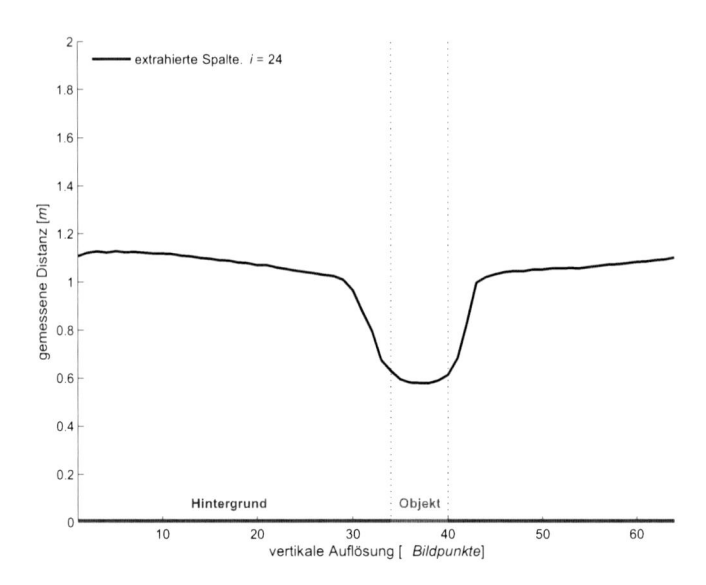

Abbildung 4.4: Interpretation der Messdaten anhand einer extrahierten Spalte der Distanzinformationen

lediglich zu einer Verschiebung der Intensitätswerte führt, was die Bildverarbeitung nur bedingt beeinflusst, werden bei der Entfernungsmessung die gemessenen Entfernungen kontaminiert.

4.2.2 Mathematisches Modell

Neben der Analyse der Ursachen für die Distanzkrümmung ist es für die Kompensation von essentieller Bedeutung auch ein geeignetes mathematisches Modell aufzustellen, um auf eine fundierte Grundlage für den Entwurf einer Methode zur Kompensierung des Streulichtanteils zurückgreifen zu können.

Bei dem Nutzlicht, welches von der Szene reflektiert wird, handelt es sich um eine harmonische Schwingung. Diese zeichnet sich dadurch aus, dass die Zeitabhängigkeit ihrer veränderlichen Zustandsgrößen sinusförmig ist. Weiterhin ist die Frequenz der Schwingung unabhängig von der Amplitude.

Wird das Nutzlicht um den unmodulierten Lichtanteil reduziert, so lässt sich die Differenz in die Polardarstellung transformieren. In Gleichung 4.1f ist das Ergebnis der Transformation in Exponentialdarstellung und in trigonometrischer Darstellung gegeben.

$$\Phi_N(t, \varphi_N) = r_N e^{j(\omega t + \varphi_N)} \tag{4.1}$$

$$= r_N(\cos(\omega t + \varphi_N) + j\sin(\omega t + \varphi_N)) \tag{4.2}$$

Die Gleichungen 4.1f lassen sich in der Gaußschen Zahlenebene in Form eines Zeigers visualisieren. Dazu erfolgt eine Aufspaltung der Gleichung in Real- und Imaginärteil. Die

4.2. Analyse der Streulichtquellen

Visualisierung des resultierenden Zeigers von Gleichung 4.2 ist in Abbildung 4.5 gegeben. Der Rotationswinkel des, um den Nullpunkt rotierenden, komplexen Zeigers entspricht der Winkelgeschwindigkeit $\omega t + \varphi_x$.

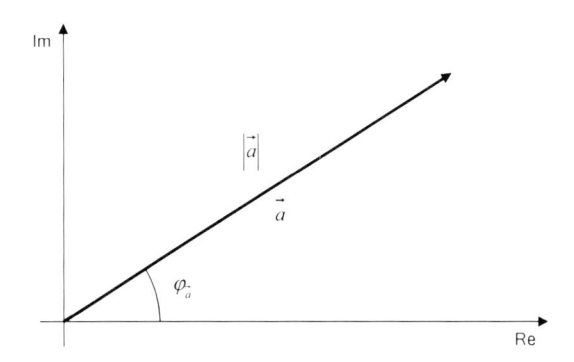

Abbildung 4.5: Die **Visualisierung der Polardarstellung des Nutzlichts** erfolgt durch Aufspaltung in Real- und Imaginärteil in der Gaußschen Zahlenebene.

Die Einkoppelung von Streulicht, gegeben in Gleichung 4.3 ist unabhängig davon, ob dieses durch Objekte in geringem Abstand im Strahlengang des optischen Systems oder durch eine szenenbedingte Mehrfach-Reflektion verursacht wurde, eine ungestörte Überlagerung gleichfrequenter harmonischer Schwingungen. Diese Überlagerung wird als *Superpositionsprinzip* bezeichnet, das Ergebnis dieser ist eine resultierende Schwingung gleicher Frequenz.

$$\Phi_S(t, \varphi_S) = r_S e^{j(\omega t + \varphi_S)} \tag{4.3}$$
$$= r_S(\cos(\omega t + \varphi_S) + j\sin(\omega t + \varphi_S)) \tag{4.4}$$

Mathematisch entspricht die Superposition der beiden Signale, des Nutzlichts und des Streulichts, einer Addition ihrer Zeiger, siehe Gleichung 4.5. Unter Berücksichtigung dieses Prinzips kann der schwingungsverursachende Term ωt vernachlässigt werden.

Das fehlerbehaftete Lichtsignal, welches von dem Messsystem detektiert wird, setzt sich, wie in Gleichung 4.5 beschrieben, zusammen:

$$\Phi'_N(t, \varphi_N, \varphi_S) = \Phi_N(t, \varphi_N) + \Phi_S(t, \varphi_S) \tag{4.5}$$
$$\tag{4.6}$$

Diese Addition der beiden Zeiger von Nutz- und Streulicht entspricht der Bestimmung des Real- bzw. Imaginärteils der fehlerbehafteten Messdaten durch Addition (vgl. Gleichung 4.7f). Unter Zuhilfenahme des, auf diese Weise ermittelten, Real- bzw. Imaginärteils

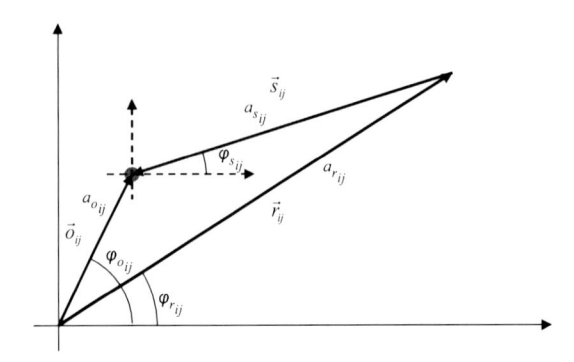

Abbildung 4.6: Die **Vektoraddition**, des reflektiertes Lichtsignal und des Streulichts ergibt die daraus resultierende, fehlerbehaftete Entfernung.

lässt sich, wie in Gleichung 4.9 gezeigt, der Betrag des Zeigers und der dazugehörige Rotationswinkel bestimmen.

$$\text{Re} = r_N \cdot \cos\varphi_N + r_S \cdot \cos\varphi_S \tag{4.7}$$
$$\text{Im} = r_N \cdot \sin\varphi_N + r_S \cdot \sin\varphi_S \tag{4.8}$$

$$r_{N'} = \sqrt{\text{Im}^2 + \text{Re}^2} \tag{4.9}$$
$$\varphi_{N'} = arctan\left(\frac{\text{Re}}{\text{Im}}\right) \tag{4.10}$$

Aus der Gleichung 4.9 lassen sich dann sowohl die Exponentialdarstellung und trigonometrische Darstellung des fehlerbehafteten Messsignals ableiten.

$$\Phi_{N'}(t,\varphi_{N'}) = r_{N'}e^{j(\omega t + \varphi_{N'})} \tag{4.11}$$
$$= r_{N'}(\cos(\omega t + \varphi_{N'}) + j\sin(\omega t + \varphi_{N'})) \tag{4.12}$$

Validierung des mathematischen Modells

In dem vorhergehenden Abschnitt wurde ein mathematisches Modell aufgestellt mit dessen Hilfe das, die Szene verfälschte, Streulicht messbar gemacht und veranschaulicht werden kann.

4.2. Analyse der Streulichtquellen

In Abbildungen 4.7f ist die Anwendung des mathematischen Modells auf reale Messdaten veranschaulicht. Während die linke Spalte die Abbildung der Zeigerdarstellung für die ursprüngliche Szene zeigt, ist in der rechten Spalte die der korrumpierten Szene gegeben.

Das Streulicht wird in Form eines Zeigers beschrieben, dessen Rotationswinkel der Phasenverschiebung φ_N entspricht, welche sich zur Distanz proportional verhält, und dessen Länge bzw. Betrag die gemessene Amplitude abbildet.

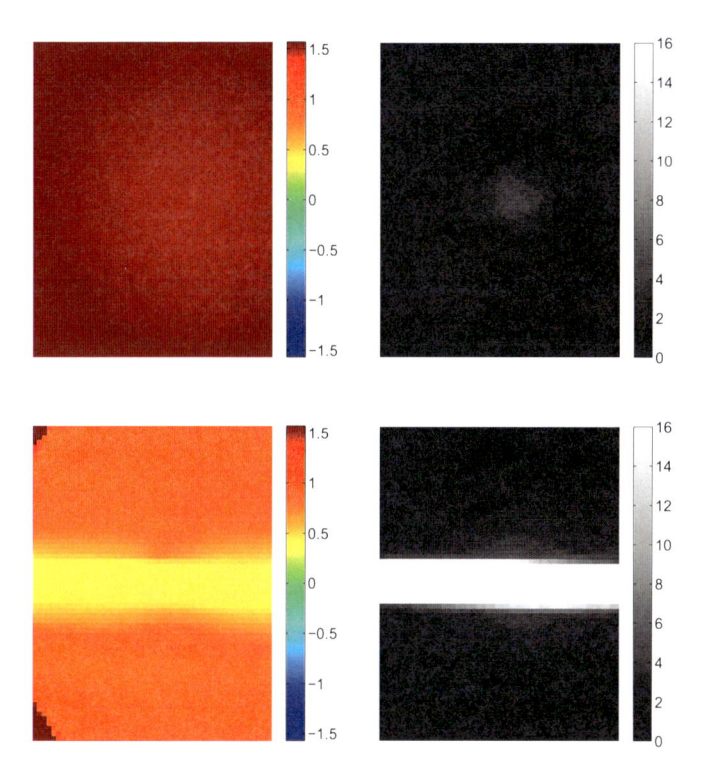

Abbildung 4.7: Auswirkung des Streulichts auf reale Messdaten: Die *oberen* Abbildungen zeigen die aufgenommene Szene ohne Streulicht, die beiden *Unteren* zeigen die gleiche Szene, allerdings mit einem streulichtverursachenden Objekt und somit die daraus resultierenden verfälschten Messdaten (Distanz/Intensität).

Trotz des Nachweises, dass sich dieses mathematische Modell auf reale Messdaten anwenden lässt, bringt dieses auch Schwierigkeit mit sich. Da nur der Zeiger $\vec{N'}$ durch eine Messung messbar ist, ist das in 4.6 präsentierte Zeigerdreieck unterbestimmt, da sowohl der Zeiger der ursprünglichen Szene als auch der des Streulichts nicht bekannt sind (vergleiche Abbildung 4.7f).

Da es die ursprüngliche Szene ist, die es zu bestimmen gilt, wird für die Bestimmung dieses Zeigers, ein dimensionierter Streulichtzeigers $\vec{S}$ eingeführt. Für die Ermittlung dieses Zeigers gilt es einen generischen Ansatz zu entwickeln, der diesem Modell Rechnung trägt.

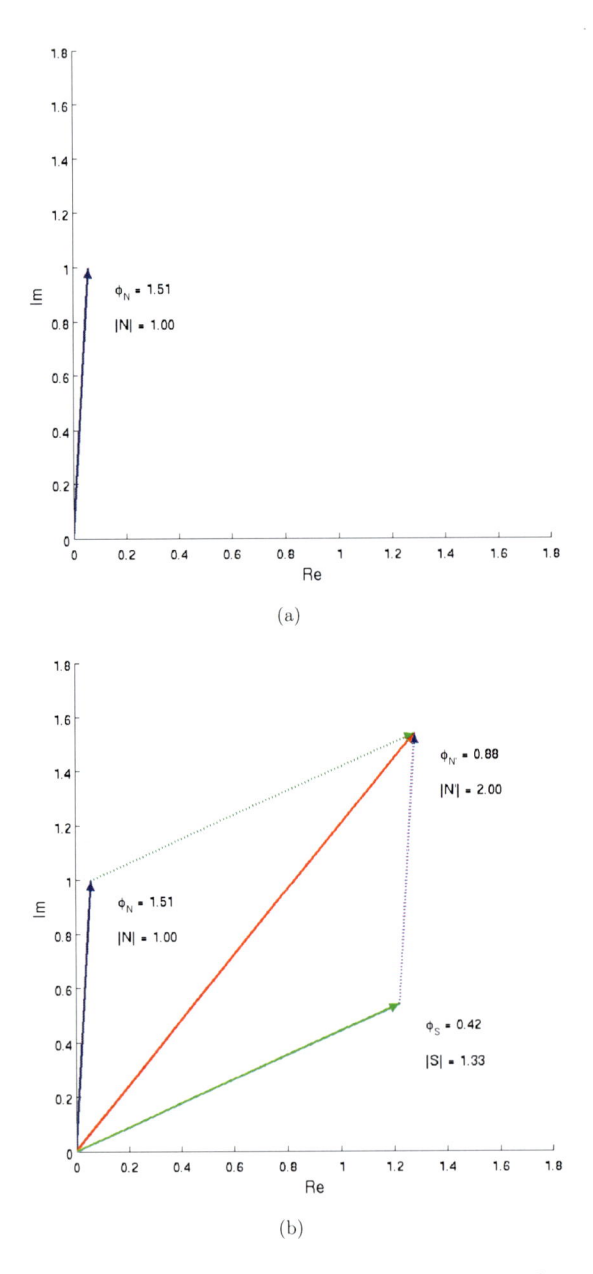

Abbildung 4.8: Anwendung der Zeigerdarstellung auf reale Messdaten: Szene (a) ohne streulichtverursachendes Objekt und (b) mit streulichtverursachendem Objekt

4.2. Analyse der Streulichtquellen

In den folgenden Abschnitten wird das Streulichtverhalten dahingehend untersucht, eine fundierte Basis für die Entwicklung eines solchen Ansatzes zu schaffen.

4.2.3 Analyse der möglichen Ursachen und Auswirkungen

Aufgrund der unbestimmten Umgebung, in denen sich derartige Messsysteme bewegen, sind unendlich viele Variationen der Szenengeometrie möglich. Im Folgenden werden die Streulichtquellen dahingehend untersucht, Faktoren zu finden, auf denen eine Kompensierung bzw. Abschätzung des Messfehlers aufgebaut werden kann.

Konstruierte Szenen Zur Aufnahme der Messdaten, die als Basis für die hier vorgestellte Streulichtkompensierung dienen, wird der in Abbildung 4.9 skizzierte Messaufbau verwendet.

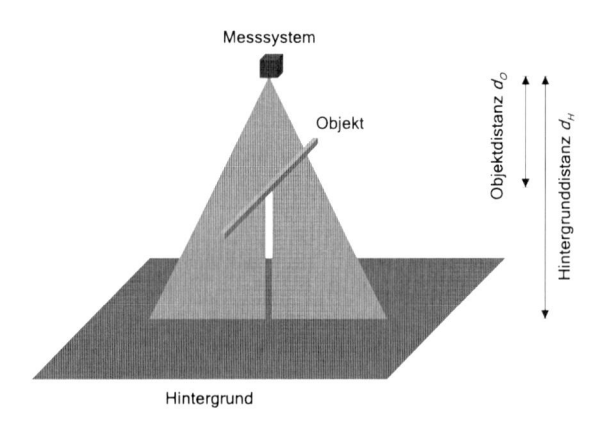

Abbildung 4.9: Skizzenhafte Erklärung der **Nomenklatur der Größen des Messaufbaus**

Im Gegensatz zu den Messdaten, die für die Distanz-Kalibrierung aufgenommen werden, bei denen lediglich der Hintergrund als Element der Szene vorhanden ist, wird für den Entwurf der Methode zur Streulichtkompensierung zusätzlich ein Objekt in den Strahlengang des Messsystems eingefügt, welches ursächlich für das Streulicht ist. Es werden die Faktoren ermittelt, die den Grad des entstandenen Streulichts beeinflussen. Auf dieser Analyse basierend, wird sowohl die Distanz zum Objekt, die so genannte Objektdistanz d_O, als auch die Distanz zum Hintergrund, der Hintergrunddistanz d_H bestimmt.

$$\{d_O \in \mathbb{R} \mid d_{O_{min}} \leq d_O \leq d_{O_{max}}\} \quad \text{mit} \quad d_O = k \cdot 100 \quad (4.13)$$

$$\{d_H \in \mathbb{R} \mid d_{H_{min}} \leq d_H \leq d_{H_{max}}\} \quad \text{mit} \quad d_H = k \cdot 200 \quad (4.14)$$

d_O : Objektdistanz $[mm]$
d_H : Hintergrunddistanz $[mm]$
k : $k \in \mathbb{Z}$

74 Kapitel 4. Analyse der Streulichteffekte und Ansätze zur Kompensierung

Die einzelnen Distanzen von Objekt und Hintergrund, spezifiziert in Gleichung 5.1, werden miteinander kombiniert.

Zusätzlich zu den einzelnen Kombinationen der Objekt- und Hintergrunddistanz werden auch die Oberflächen von Objekt und Hintergrund variiert. Zur Verfügung standen vier verschiedene Oberflächen, deren Reflektivität mit einem so genannten Reflektometer bestimmt wurde.

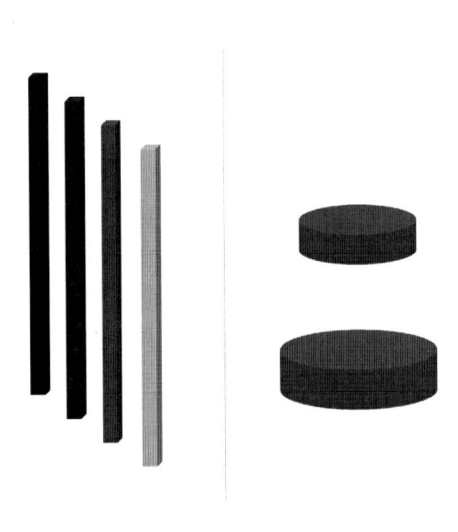

Abbildung 4.10: Veranschaulichung der **Objektgröße und -reflektivität der Objekte**

Das Messprinzip dieses Reflektometers ist in Abbildung 4.11 veranschaulicht.

Die Reflektivitäten der Oberflächen, die auf diese Art und Weise bestimmt wurden, sind in Tabelle 4.1 gegeben.

	Photodiode			
	Links	Mitte	Rechts	Spiegelung
schwarz	2.80	4.20	2.23	16.30
grau	13.69	14.95	12.63	25.95
weiß	79.76	82.05	79.02	75.43
metallisch	18.65	45.35	12.27	157.54

Tabelle 4.1: Ergebnisse der Reflektivitätsmessung mit dem Reflektometer (skizziert in Abbildung 4.11)

Die gemessenen Reflektivitäten werden als die tatsächliche Reflektivität der entsprechenden Oberflächen angenommen. Die Bestimmung der tatsächlichen Reflektivitäten ist in Abschnitt 4.4 beschrieben.

4.2. Analyse der Streulichtquellen

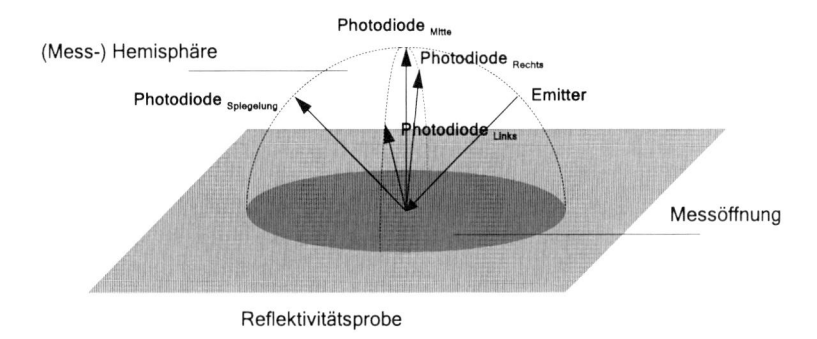

Abbildung 4.11: Messprinzip des verwendeten Reflektometers

Objekte in geringem Abstand im Strahlengang des Bildsensors

Die Faktoren, die den Betrag der Distanzkrümmung beeinflussen, lassen sich gemäß ihrer Ursache entweder dem Objekt oder der Szene zuordnen. Für den späteren Einsatz gilt es zu klären, bis zu welcher Objektdistanz Objekte als streulichtverursachend gelten und wie mit dem Auftreten mehrerer streulichtverursachender Objekte umzugehen ist. Ähnlich verhält es sich mit dem Hintergrund, auch hier ist zu untersuchen, ob sich das Streulichtverhalten ändert, wenn die Geometrie der Szene komplexer wird, das heißt nicht nur aus einer planen Fläche mit definierter Distanz und Reflektivität besteht, sondern aus mehreren unbestimmten Elementen.

Sofern die Bedingung der Messbarkeit dieser Faktoren erfüllt ist, ist eine hinreichende Korrektur der Messabweichungen zur Laufzeit möglich. Aus diesem Grund, ist es wichtig, dass sich das Objekt, das die Distanzkrümmung verursacht, im Sichtfeld des Messsystems befindet. Da sowohl der Emitter des Messsystems als auch der Detektor über eine eigene Optik verfügen, ist es denkbar, dass der Öffnungswinkel des Emitters größer ist, als der des Detektors, dieses würde führt dazu, dass auch Objekte, die sich außerhalb des Sichtfeldes des Detektors befinden, Streulicht und somit eine Distanzkrümmung verursachen können.

Für die Bestimmung der Einflussfaktoren, wird eine vereinfachte Szenengeometrie verwendet. Die Szene besteht aus einem planen Hintergrund und einem quaderförmigen Objekt, welches im Strahlengang des Bildsensors positioniert wird. Für die Untersuchung der Herkunft des Streulichts wird sowohl das Objekt als auch der Hintergrund über eine Bandbreite von Distanzen und Reflektivitäten variiert. Die Abhängigkeit der Objekt- und Hintergrunddistanz von den einzelnen Einflussfaktoren wird jeweils anhand einer extrahierten Spalte bzw. Zeile der Messdaten veranschaulicht.

Darüber hinaus existieren Einflussfaktoren die dem Messprinzip zu Grunde liegen. Auch auf diese wird in den folgenden Absätzen eingegangen.

Objekteigenschaften Zunächst erfolgt eine Betrachtung der Faktoren, die in unmittelbarem Zusammenhang mit dem Objekt stehen, das die Distanzkrümmung verursacht. Neben der schon erwähnten Objektdistanz d_O und der -reflektivität ρ_O sind dies die Geometrie des Objekts selbst und dessen räumliche Lage.

- Objektreflektivität ρ_O
- Objektgeometrie

  - Objektdistanz d_O
  - prozentuale Abdeckung des Sichtfelds (*engl.* field of view, FOV) des Messsystems durch das Objekt
  - Verschiebung des Objektschwerpunkts zur optischen Achse
  - Objektorientierung

Objektreflektivität Der Einfluss der Objektreflektivität ist in Abbildung 4.12 dargestellt. Diese zeigt, dass sowohl für die Hintergrunddistanz d_H und die Objektdistanz d_O eine entgegengesetzte Abhängigkeit von der Objektreflektivität ρ_O besteht.

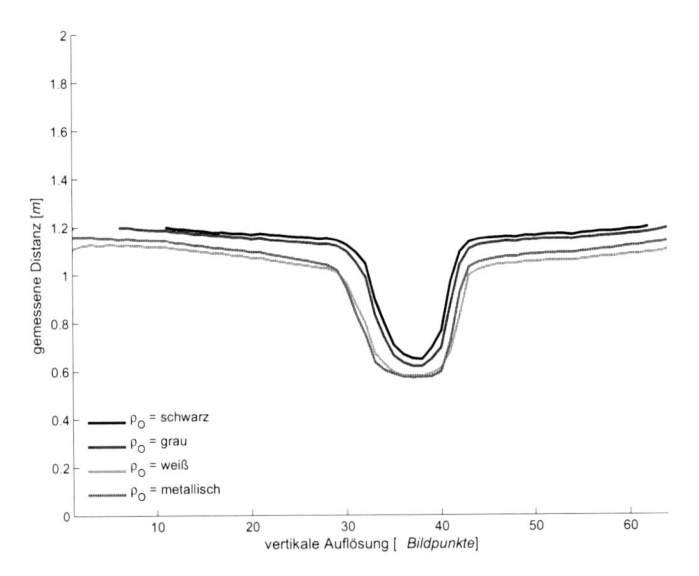

Abbildung 4.12: Einfluss der **Objektreflektivität** auf Hintergrund- und Objektdistanz

Über die Dauer der Messdatenaufnahme wurde die Konfiguration des Messaufbaus nicht verändert, lediglich die Reflektivität des Objekts ρ_O wurde modifiziert (schwarz, grau, weiß, metallisch).

In Gleichung 4.15f ist die entgegengerichtete Abhängigkeit der gemessenen Hintergrunddistanz bzw. Objektdistanz von der Objektreflektivität mathematisch beschrieben.

4.2. Analyse der Streulichtquellen

$$d_H \mapsto \rho_O \quad \text{mit} \quad \frac{\Delta d_H}{\Delta \rho_O} < 0 \tag{4.15}$$

$$d_O \mapsto \rho_O \quad \text{mit} \quad \frac{\Delta d_O}{\Delta \rho_O} < 0 \tag{4.16}$$

d_H : Hintergrunddistanz
d_O : Objektdistanz
ρ_O : Objektreflektivität

Objektgeometrie Neben den Messabweichungen, verursacht durch die Objektreflektivität sind die der Objektgeometrie von ausschlaggebender Bedeutung. Diese Abweichungen setzen sich allerdings aus mehreren Einzelfaktoren zusammen, von denen der **Objektdistanz** die größte Signifikanz beigemessen werden kann.

In Abbildung 4.13 ist die Abhängigkeit der Hintergrunddistanz d_H von der Objektdistanz d_O aufgetragen. Während die Objektdistanz d_O variiert wird, bleiben die übrigen Faktoren bei dieser Messdatenaufnahme unverändert.

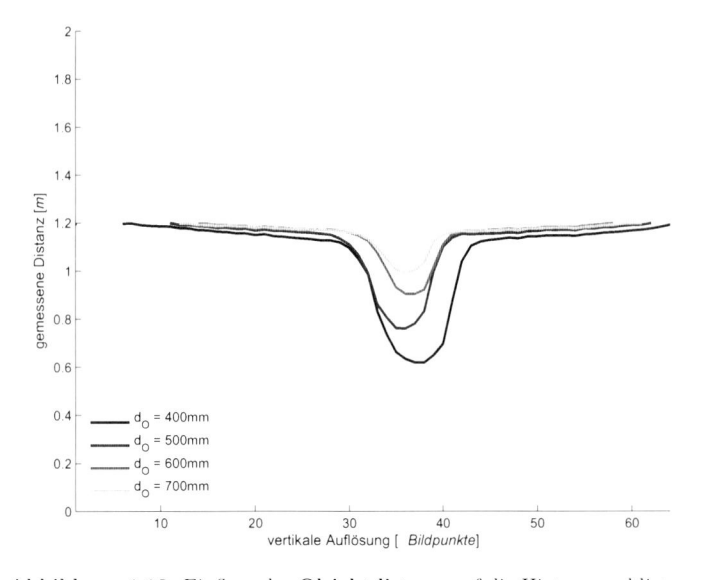

Abbildung 4.13: Einfluss der **Objektdistanz** auf die Hintergrunddistanz

Die Abhängigkeit der Hintergrunddistanz d_H von der Objektdistanz d_O ist entgegengerichtet, dieser Bezug ist in Gleichung 4.17 beschrieben.

$$d_H \mapsto d_O \quad \text{mit} \quad \frac{\Delta d_H}{\Delta d_O} < 0 \tag{4.17}$$

Je dichter sich das streulichtverursachende Objekt an dem Messsystem befindet, desto größer erscheint die zu kompensierende Distanzkrümmung.

Abgesehen von der Objektdistanz wird die Hintergrunddistanz von der **prozentualen Abdeckung des Sichtfeldes durch das Objekt** und **Verschiebung des Objektschwerpunkts zur optischen Achse** beeinträchtigt.

Die Abhängigkeit der Hintergrunddistanz d_H von der prozentualen Abdeckung des Sichtfeldes durch das Objekt A_O ist entgegengesetzt: Je größer die, durch das Objekt abgedeckte, Fläche des Sichtfeldes, desto geringer die Hintergrunddistanz. Dieser Einfluss trifft auch in gleichem Maße auf die Objektdistanz zu.

Diese Zusammenhänge sind in Abbildung 4.14 dargestellt und in Gleichung 4.18f mathematisch beschrieben.

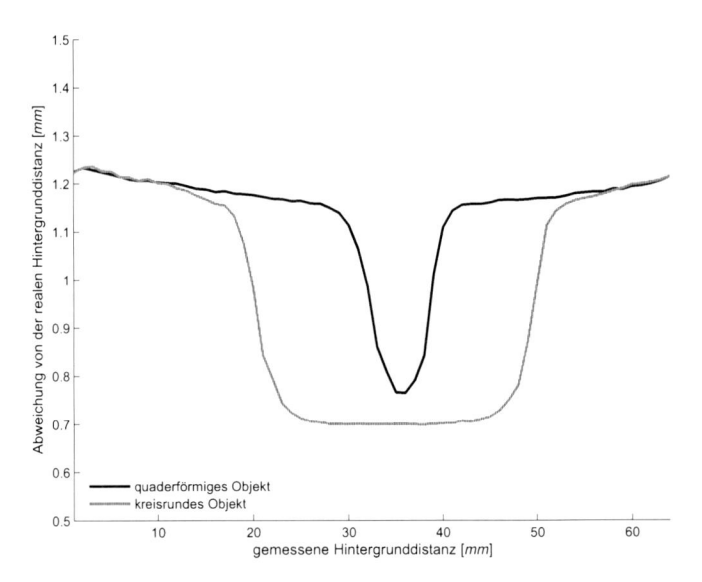

Abbildung 4.14: Verschiedene Grade der **Abdeckung des Sichtfeldes** durch das Objekt beeinflussen die gemessene Hintergrunddistanz.

$$d_H \mapsto A_O \quad \text{mit} \quad \frac{\Delta d_H}{\Delta A_O} < 0 \qquad (4.18)$$

$$d_O \mapsto A_O \quad \text{mit} \quad \frac{\Delta d_O}{\Delta A_O} < 0 \qquad (4.19)$$

A_0 : durch das Objekt abgedeckte Fläche des Sichtfeldes

Weiterhin ist bei dieser Betrachtung auch die Verschiebung des Objektschwerpunkts zur optischen Achse des Messsystems, gegeben durch den Vektor $\vec{v}_O$ relevant. Sowohl die Hintergrunddistanz d_H als auch die Objektdistanz d_O steigt gleichgerichtet mit dem Betrag des Verschiebungsvektors $|\vec{v}_O|$; dieser Zusammenhang ist in Gleichung 4.20 gegeben.

4.2. Analyse der Streulichtquellen

$$d_H \mapsto \vec{v}_O \quad \text{mit} \quad \frac{\Delta d_H}{\Delta \vec{v}_O} > 0 \tag{4.20}$$

$$d_O \mapsto \vec{v}_O \quad \text{mit} \quad \frac{\Delta d_O}{\Delta \vec{v}_O} > 0 \tag{4.21}$$

$\vec{v_0}$: Verschiebung zwischen dem Objektschwerpunkt und der optischen Achse des Messystems

Im Gegensatz zu den bisher betrachteten Einzelfaktoren der Objektgeometrie steht die räumliche Orientierung des Objekts. Experimentelle Untersuchungen von Objekten mit verschieden stark geneigter Oberfläche haben gezeigt, dass dieser Faktor weder einen Einfluss auf die Hintergrunddistanz d_H noch auf die Objektdistanz d_O hat. Diese fehlende Abhängigkeit ist in Abbildung 4.15 aufgezeigt.

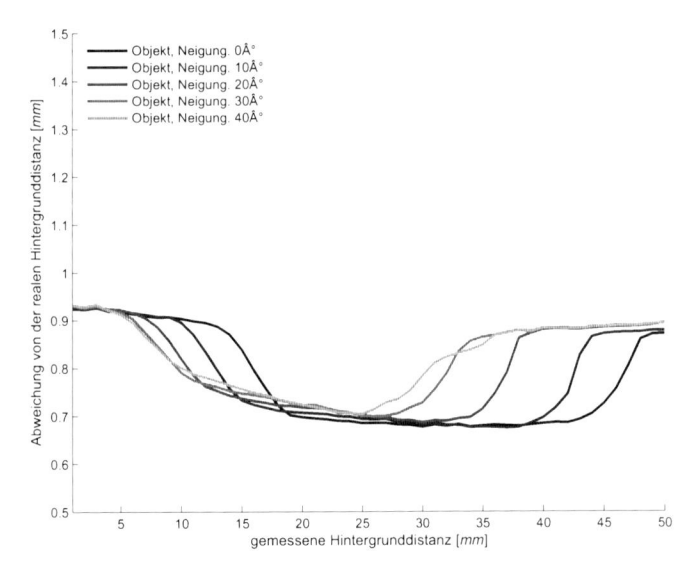

Abbildung 4.15: Die **Orientierung des Objekts** im Raum haben keinen Einfluss auf die Hintergrunddistanz.

Szeneneigenschaften Die Hintergrund- und Objektdistanz, welche es zu korrigieren gilt, unterliegt neben den Einflüssen des Objekts auch Faktoren beeinflusst durch den Hintergrund bzw. die Szene. Für die einzelnen Hintergrundelemente erfolgt abhängig von der jeweiligen Hintergrunddistanz d_H und -reflektivität ρ_H eine getrennte Betrachtung. Die möglichen Einflussfaktoren lauten:

- Hintergrundreflektivität
- Hintergrundgeometrie
    - Hintergrunddistanz

– Abstand des betrachteten Bildpunkts des Hintergrunds von der Kontur des Objekts

Zunächst wird die Abhängigkeit der Hintergrunddistanz d_H und der Objektdistanz d_O von der Reflektivität des Hintergrunds ρ_H analysiert. Zu diesem Zweck ist in Abbildung 4.16 die Abhängigkeit von verschiedenen Reflektivitäten (*schwarz*, *weiß*, *grau* und *metallisch*) dargestellt.

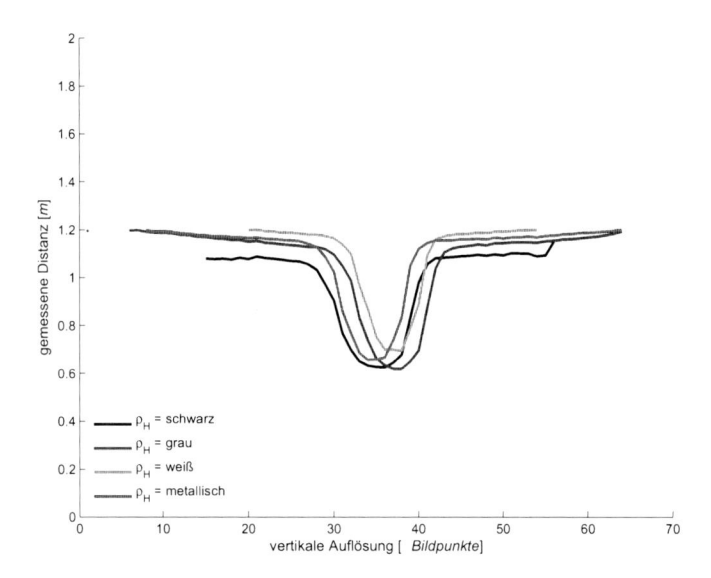

Abbildung 4.16: Einfluss der **Hintergrundreflektivität** auf Hintergrund- und Objektdistanz

Der Einfluss der Hintergrundreflektivität ρ_H ist dabei entgegengerichtet: Mit steigender Reflektivität, sinkt der Betrag der jeweiligen Distanz (vgl. Gleichung 4.22f).

$$d_H \mapsto \rho H \qquad \text{mit} \qquad \frac{\Delta d_H}{\Delta \rho_H} < 0 \qquad (4.22)$$

$$d_O \mapsto \rho H \qquad \text{mit} \qquad \frac{\Delta d_O}{\Delta \rho_H} < 0 \qquad (4.23)$$

ρ_H : Hintergrundreflektivität

Ein weiterer potentieller Einflussfaktor auf die Objektdistanz d_O ist durch die Hintergrunddistanz d_H gegeben. Die Abhängigkeit der Objektdistanz von der Hintergrunddistanz ist in Abbildung 4.17 veranschaulicht.

Die Objektdistanz d_O ist nicht abhängig von der Hintergrunddistanz d_H, sie ist konstant (vgl. Gleichung 4.24).

4.2. Analyse der Streulichtquellen

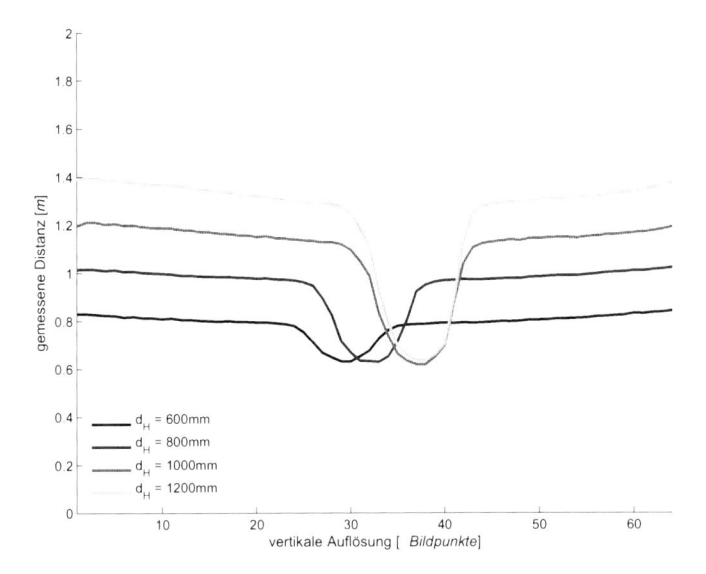

Abbildung 4.17: Die Objektdistanz ist nicht durch die **Hintergrunddistanz** beeinflusst, sie ist konstant.

$$d_O = konstant \qquad (4.24)$$

Abgesehen von der Hintergrundreflektivität und der -distanz, zählt der Abstand eines betrachteten Bildpunkts der Szene bzw. des Hintergrunds zu den wesentlichen Einflussfaktoren. Als Maßzahl wird hierfür der Euklidische Abstand herangezogen, dieser gibt den kürzesten Abstand des betrachteten Bildpunkts $d_{H_{ij}}$ orthogonal zur Objektkante oder -kontur an.

Dieser Abstand hat keinen Einfluss auf die Hintergrunddistanz. Für alle Bildpunkte eines Hintergrundelements (mit gleicher Reflektivität und Distanz) ist gemessene Hintergrunddistanz identisch.

In Gleichung 4.25 ist diese Unabhängigkeit mathematisch formuliert.

$$d_{H_{ij}} = konstant \qquad mit \qquad d_{H_{ij}} \in A_{H_n} \qquad (4.25)$$
$$d_{O_{ij}} = konstant \qquad mit \qquad d_{O_{ij}} \ni A_{H_n} \qquad (4.26)$$

A_{H_n} : Fläche des Hintergrundelements n

Verfahrensbedingte Eigenschaften Neben den Eigenschaften, die sich aus der Szene ableiten lassen, existieren auch Einflussfaktoren, die dem Messprinzip geschuldet sind. Hier zu nennen ist vordergründig die Integrationszeit, welche die Zeit beschreibt, über die

Photonen für eine Phasenlage integriert werden.

In Abbildung 4.18 ist gezeigt, dass hier jedoch keine Abhängigkeit zur Hintergrund- und Objektdistanz besteht.

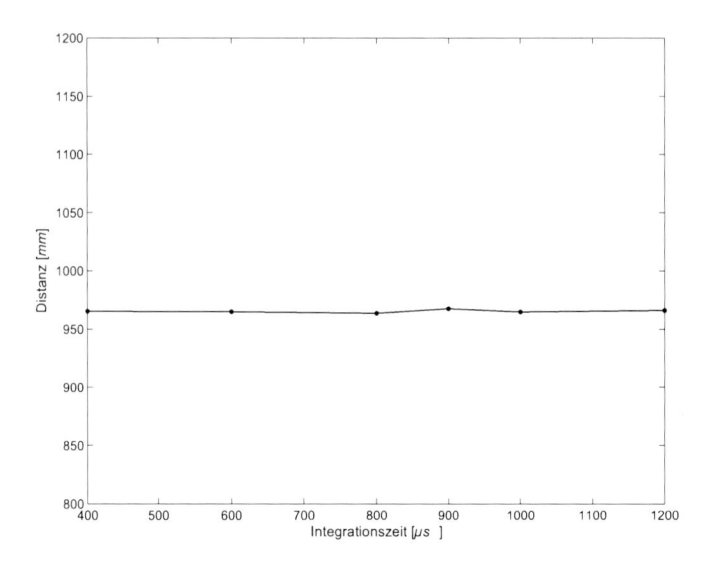

Abbildung 4.18: Verschiedene Integrationszeiten haben keinen Einfluss auf die gemessene Distanz.

Zusammenfassung In den beiden vorhergehenden Absätzen wurden die möglichen Einflussfaktoren auf die Hintergrunddistanz d_H untersucht. Die Faktoren, die im Wesentlichen zur Distanzkrümmung beitragen sind in Gleichung 4.27 gegeben. Da diese Faktoren nie einzeln wirken, müssen im Folgenden immer alle Faktoren zur Korrektur herangezogen werden.

$$d_H \mapsto \rho_O, \rho_H, d_O, A_O, \vec{v}_O \qquad (4.27)$$
$$d_O \mapsto \rho_O, \rho_H, A_O, \vec{v}_O \qquad (4.28)$$

Alle in Gleichung 4.27 aufgeführten Einflussfaktoren erfüllen, die eingangs bereits erwähnte, notwendige Bedingung, dass sie in den aufgenommenen Messdaten messbar sein müssen.

Auf Basis dieser Faktoren wird in Abschnitt 4.4 eine Methode zur Kompensierung der Distanzkrümmung entworfen.

Szenenbedingte Mehrfach-Reflektionen

Neben den Messabweichungen, die durch Objekte, welche in einem geringen Abstand zum Messsystem in dessen Strahlengang gelagert sind, verursacht werden, kann die betrachtete Szene selbst auch Ursache für auftretendes Streulicht sein. Mit steigender Komplexität

4.2. Analyse der Streulichtquellen

der Szene, kann der Fall eintreten, dass die emittierte optische Strahlung nicht direkt zum Sensor zurück reflektiert, sondern innerhalb der betrachteten Szene mehrmals *umgelenkt* (mehrfach-reflektiert) wird, bevor sie zum Sensor reflektiert wird. Dieses hat eine verfälschte Entfernungsinformation zur Folge, da zusätzlich zu dem tatsächlichen Lichtsignal auch das mehrfach-reflektierte Lichtsignal empfangen wird.

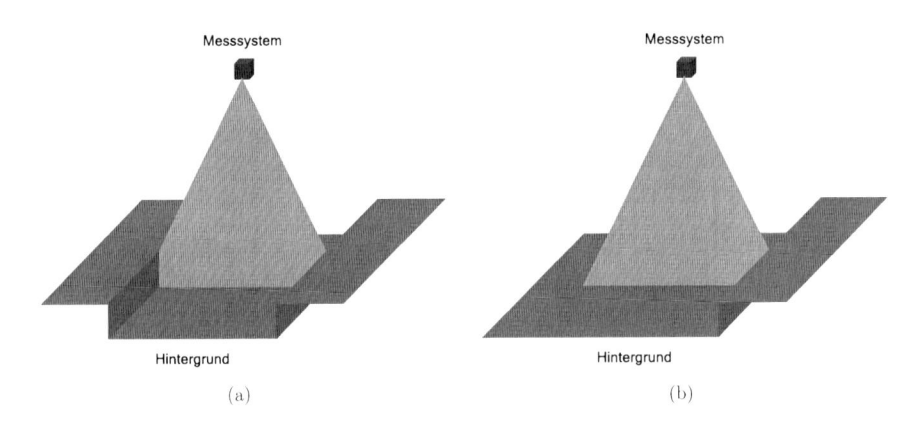

Abbildung 4.19: Die Szenengeometrie stellt eine Lichtfalle dar, was zu **Messabweichungen durch eine komplexe Szenengeometrie** (Mehrfach-Reflektionen) führt (a). Durch eine Vereinfachung der Geometrie lassen sich diese Mehrfach-Reflektionen vermeiden (b).

Die Messabweichungen, die auf diese Art und Weise hervorgerufen werden, stehen zwar nicht im Fokus dieser Arbeit, allerdings ist eine Einbeziehung dieser in die Beurteilung derartiger Messsysteme unerlässlich. Zu diesem Zweck wurde der ursprüngliche Messaufbau erweitert. Um diese szenenbedingten Mehrfach-Reflektionen darzustellen, wurde der Messaufbau um zwei zusätzliche, vertikale Wände ergänzt, mit denen eine so genannte Lichtfalle konstruiert wird. Der Vergleich von Messaufnahmen mit nur einer oder mit beiden Wänden (schematisch dargestellt in Abbildung 4.19), entspricht dem Grad der Kontamination der aufgenommenen Szene mit Streulicht.

In Abbildungen 4.20f ist der resultierende Messfehler anhand des Vergleichs der Entfernungsinformationen einer aus den Messdaten extrahierten Zeile der betrachteten Szene, jeweils nur mit einer und mit beiden Wänden.

Die gemessenen Entfernungsinformationen der beiden vertikalen Wände ist zwar durch zusätzliche, systembedingte Fehler nicht zur Beurteilung geeignet (Der jeweilige Bildpunkt schaut, abhängig on der Auflösung, *schräg* auf eine mehr oder weniger grosse vertikale Fläche.), dem entgegen können die Entfernungsinformationen der waagerechten Fläche zur Beurteilung herangezogen werden.

Der Vergleich zeigt deutlich den Unterschied zwischen beiden Szenarien. Bei dem Szenario mit beiden vertikalen Wänden sind die, durch den zusätzlichen Lichtanteil der Mehrfach-Reflektionen verfälschten, Entfernungsinformationen klar erkennbar. Ähnliche Ergebnisse werden auch von Guomundsson in [19] und Goerke in [13] präsentiert.

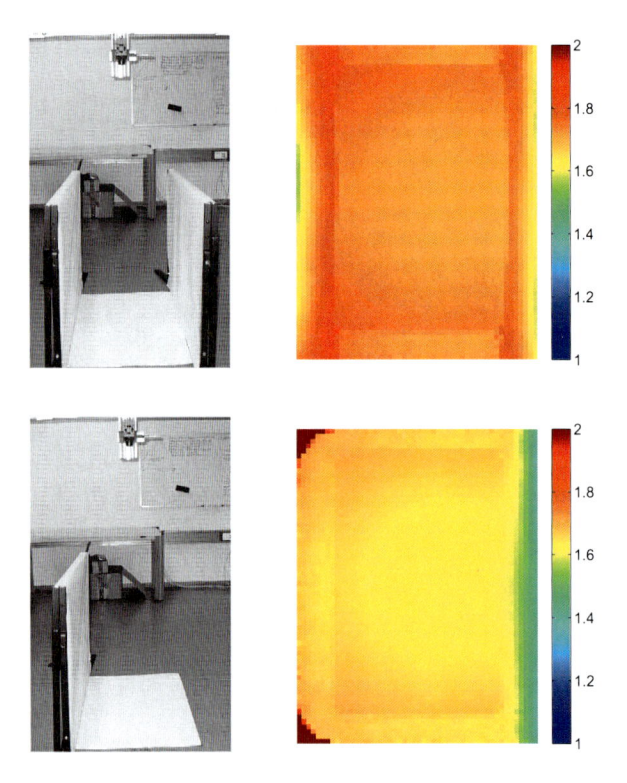

Abbildung 4.20: Der **Einfluss der Szenengeometrie auf die Messdaten** ist anhand von zwei verschiedenen Szenengeometrien gegeben: komplexe Szene mit Lichtfalle (oben) und einer einfachen Szene (*unten*). Die *linken* Abbildungen zeigen jeweils die Szene aufgenommen mit einem herkömmlichen Bildsensor, die *Rechten* die dazugehörigen Messdaten in Falschfarben-Darstellung.

4.2. Analyse der Streulichtquellen

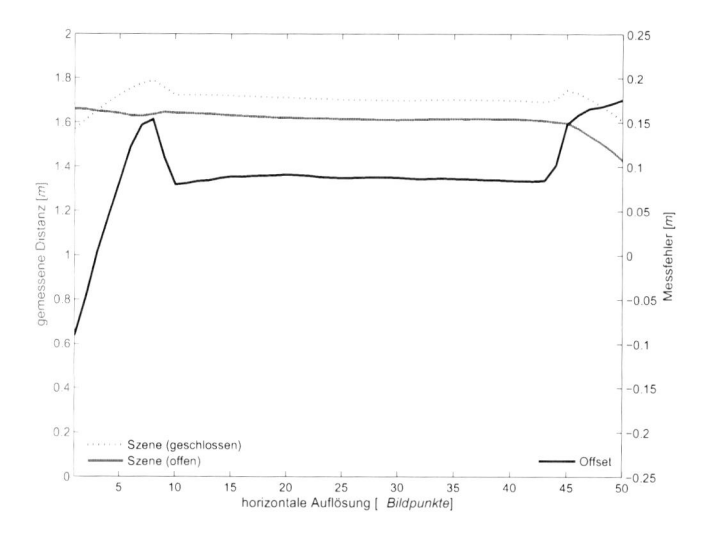

Abbildung 4.21: Vergleich von verschiedenen Szenengeometrien

Bedingt durch die komplexe Geometrie der Szene, welche eine unendliche Anzahl an Variationen annehmen kann, ist eine Kompensierung zur Laufzeit nahezu unmöglich. Eine Möglichkeit der Fehlerabschätzung wird von Goerke aufgezeigt, der den Grad der Kontamination mit Hilfe einer 3D-Simulation bestimmt.

4.3 Optische Streulichtunterdrückung

Im Folgenden werden zahlreiche Maßnahmen beschrieben, um das Streulicht durch Modifikationen des optischen Systems des Bildsensors zu reduzieren. Allerdings sei bereits an dieser Stelle darauf verwiesen, dass aufgrund der hohen Dynamik der Szene die unternommenen Anstrengungen nicht ausreichen, um dass Streulicht gänzlich zu unterdrücken. Die Ergebnisse der hier vorgestellten Ansätze werden in Abschnitt 5.4.1 präsentiert.

Modifikation der Optik

Die Anfälligkeit für Streulicht wird maßgeblich durch das optische Abbildungssystem des Bildsensors selbst, aber auch des Emitters beeinflusst. In den kommenden Absätzen werden, wie von Pannhoff in [64] vorgeschlagen, verschiedene Möglichkeiten aufgezeigt und erläutert, um zumindest für den ersten Fall eine Reduzierung des Streulichts zu erreichen.

Möglichkeiten, die darüber hinausgehen, setzen allerdings statische oder nahezu statische Szenen voraus. Für diese Anwendungsfälle ließe sich beispielsweise das Licht, dass direkt zu den streulichtverursachenden Szenenelementen emittiert wird, reduzieren oder die betreffenden LEDs würden mit einer speziellen Blende versehen werden.

Diese Möglichkeiten spielen bei dieser Betrachtung allerdings eine untergeordnete Rolle, da die Dynamik der Szene keiner Einschränkung unterworfen werden soll.

Gegenlichtblende Sofern die Lage der streulichtverursachenden Szenenelemente bekannt ist, kann einfallendes Streulicht durch die Implementierung einer so genannten Gegenlichtblende reduziert werden. Um den Einfluss des Streulichts noch weiter zu minimieren, sollte die Lichtfalle hinsichtlich zusätzlicher Lichtfallen und ungleichmäßigen Oberfläche, wie beispielsweise einer treppenartigen Struktur, modifiziert werden.

Anti-Reflektionsfilter Weiterhin kann das einfallende Streulicht durch so genannte Anti-Reflektionsfilter gesenkt werden. Hierzu werden beispielsweise Linsenflächen, die nicht direkt zur Abbildung beitragen, mit Blenden aus absorbierendem Lack versehen, um vagabundierendes Licht im Linsensystem zu minimieren. Dieser Effekt kann dadurch verstärkt werden, dass die Innenwände des optischen Abbildungssystems mit einer Struktur, wie z.B. einem Feingewinde, versehen werden.

Design der Optik Darüber hinaus gibt es zahlreiche Maßnahmen, die bei der Herstellung von optischen Abbildungssystemen beachtet werden sollten, um der Entstehung von Streulicht entgegenzuwirken:

- Schwärzung der Fassungsoberflächen und der Linsenkanten
- Vermeidung von parallelen Flächen im Abbildungssystem, da hierdurch Reflektionen begünstigt werden
- Linsen mit geringem Durchmesser und signifikanter Dicke sind besonders anfällig für Streulicht - die aus diesem Verhältnis resultierenden relativ großen Flächen der Linsenränder begünstigen Streulicht, welches durch Reflektionen an den Grenzflächen der Linsenfassungen hervorgerufen wird
- Reduzierung der intrinsischen Streulichtverluste durch die Wahl geeigneter Materialien für Linsen und Filter (Glas besser als Kunststoff, etc.)
- Vermeidung von unnötigen Glas-/Luft-Übergängen mit hoher Brechzahl, Linsensystem direkt auf den Bildsensor kleben

4.4 Algorithmische Streulichtkompensierung

Angesichts der marginalen Verbesserung des Streulichtverhaltens durch die in Abschnitt 4.3 beschriebenen Modifikationen des optischen Abbildungssystems der Messapparatur, müssen weitere Anstrengungen unternommen werden, um diese Problematik zu lösen.

An diesem Punkt setzt die algorithmische Streulichtkompensierung an. Das Ziel dieser Kompensierung ist die algorithmische Korrektur der Rohdaten, um die durch das Streulicht verursachte Distanzkrümmung auf ein Minimum zu reduzieren. Als Grundlage zur Korrektur wird das in Abschnitt 4.2 aufgestellte mathematische Modell (vgl. Abbildung 4.6) herangezogen. Aufgrund der Unterbestimmung des dazugehörigen Gleichungssystems dient das Modell lediglich zur Visualisierung und Verständnis des Problems. Zur Kompensierung wird im Folgenden ein analytischer Ansatz genutzt, mit dem der Streulichtzeiger, anhand des resultierenden Nutzlichtzeigers bzw. der aufgenommenen Messdaten approximiert wird. Ist im weiteren Verlauf von Streulichtkompensierung bzw. Approximation des Streulichtzeigers die Rede, beschränkt sich dieses auf die Bestimmung des Rotationswinkels φ_S; eine Korrektur des Betrags des Zeigers $|\vec{S}|$ wird nicht angestrebt.

Die Streulichtkompensierung gliedert sich, wie in Abbildung 4.22 dargestellt, in den, in Abschnitt 3.3 beschriebenen, Korrekturprozess der aufgenommenen Rohdaten ein. Die Kompensierung wird unmittelbar im Anschluss an die laterale Kalibrierung des Messsystems angeordnet, welche den intrinsischen und extrinsischen Fehlern des optischen Abbildungssystems Rechnung trägt. An dieser Stelle sind die Rohdaten noch nicht durch Approximationen verfälscht.

Die einzelnen Schritte des Algorithmus zur Streulichtkompensierung werden in den folgenden Abschnitten und Absätzen ausführlich dargelegt. Die Abfolge der einzelnen Schritte zur Kompensierung der, durch das Streulicht verursachten, Distanzkrümmung ist in Abbildung 4.22 aufgezeigt.

Am Anfang steht die Ableitung der tatsächlichen Reflektivität der einzelnen Oberflächen der Szenenelemente anhand der gemessenen unkorrigierten Amplituden und Distanzen. Mit Hilfe der, auf diese Art und Weise, bestimmten Reflektivitäten und den unkorrigierten Distanzen erfolgt dann die Ermittlung der korrekten Distanzen.

In Abbildung 4.23 sind die durch das Streulicht gekrümmten Distanzen im Vergleich zu den Distanzen aufgetragen, die später als Eingangsgröße für die sich anschließende Distanzkalibrierung dienen.

Objekt-Segmentierung

Die Segmentierung des streulichtverursachenden Objekts von der restlichen Szene, im Folgenden als *Hintergrund* bezeichnet, welche für die Anwendung dieses Algorithmus zur Streulichtkompensierung bzw. der Distanzkrümmung essentiell ist, ist in Abbildung 4.24 veranschaulicht.

Der angewendete Algorithmus ist ein so genannter Region-Growing-Algorithmus, der von Kroon in [39] publiziert wurde.

Bei diesem Bildsegmentierungsverfahren werden homogene Hintergrundelemente zu Regionen verschmolzen.

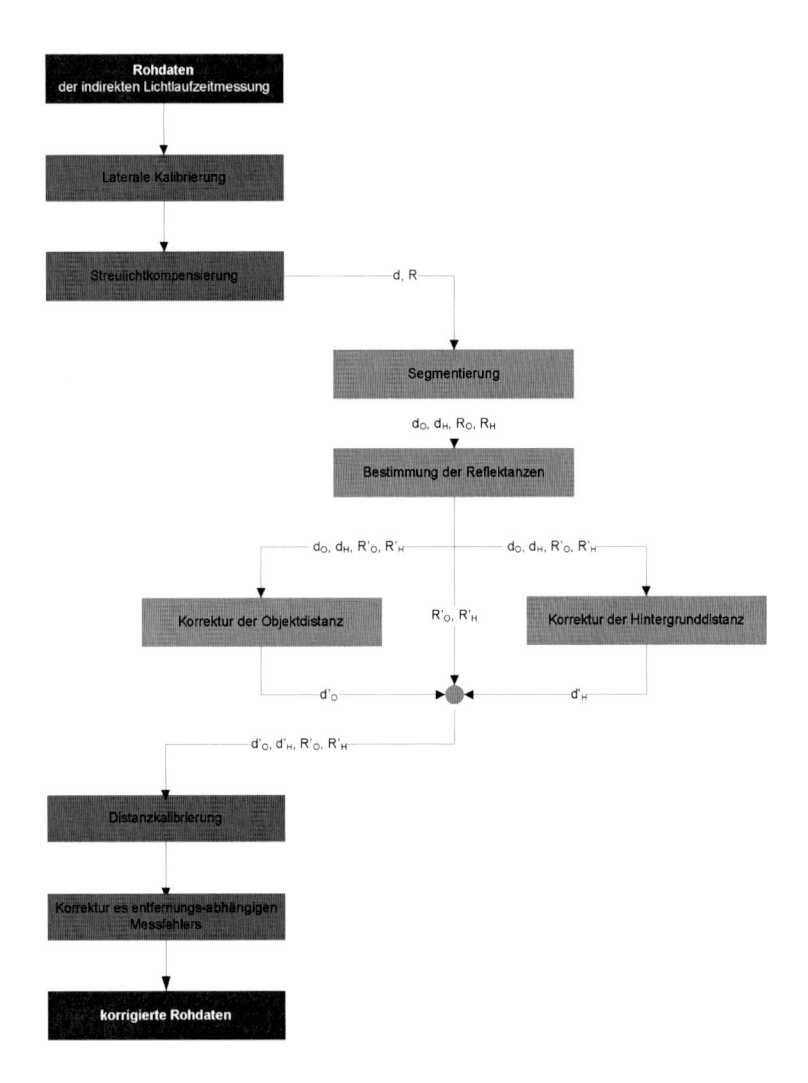

Abbildung 4.22: Vorverarbeitung mit Streulichtkompensierung

4.4. Algorithmische Streulichtkompensierung

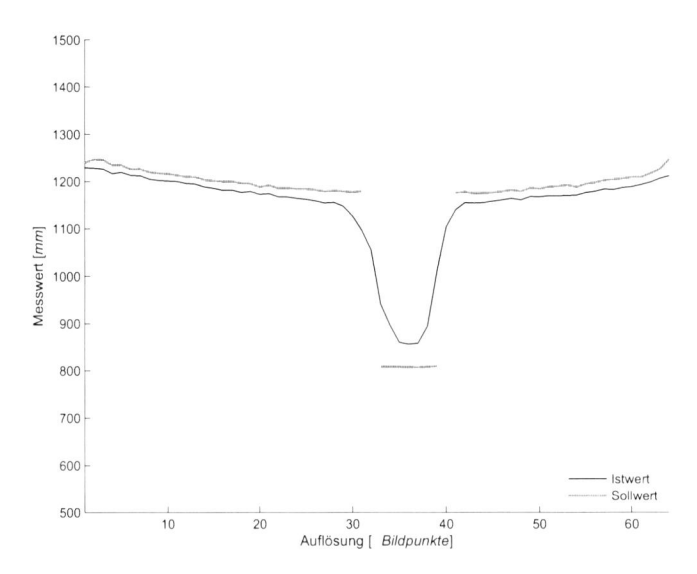

Abbildung 4.23: Soll-Ist-Vergleich Der Sollwert, Eingangsdaten der Distanzkalibrierung, im Vergleich zum Istwert, gekrümmte Distanzinformationen, der algorithmischen Streulichtkompensierung.

Ableitung der Reflektivität

Für die anschließende Korrektur der gemessenen Distanzen, vom segmentierten, streulichtverursachenden Objekt und dem **jeweiligen Hintergrund-Element**, müssen die dazugehörigen Reflektivitäten bestimmt werden. Diese können aus den gemessenen Amplitudenwerten mit Hilfe der falschen Distanzen abgeleitet werden.

Aufgrund der Tatsache, dass die gemessenen Amplituden der separierten Regionen, A_O und A_{H_x}, nicht homogen sind, wird für die Ableitung der Reflektivitäten die jeweilige minimale Amplitude herangezogen. Die Inhomogenität der Amplitudenwerte der beiden Regionen ist auf die direkte Reflektion von nicht polarisiertem Licht, welches kegelförmig in Erscheinung tritt, zurückzuführen. Die nachteiligen Auswirkungen dieses Phänomens tangieren die minimalen Amplitudenwerte nur infinitesimal.

Dieses Verfahren zur Ermittlung der minimalen Amplitudenwerte wird auf sämtliche Aufnahmen der Grunddaten (vgl. 4.2.3) angewendet. Diese extrahierten Amplitudenwerte werden abhängig von dem jeweiligen Einflussfaktoren bzw. Umgebungsbedingungen indiziert. Die Indizierung folgt dabei einer Baumstruktur (mit Verästelungen); die unterschiedlichen Ebenen sind in der folgenden Aufzählung/ Reihenfolge aufgeführt.

1. Region A_x
2. Reflektivität der Region $A_{\bar{x}}$,
3. Distanz A_{H_x},
4. Distanz A_O und
5. Reflektivität der Region A_x.

Abhängig von der realen Reflektivität der betrachteten Region wird ein Diagramm

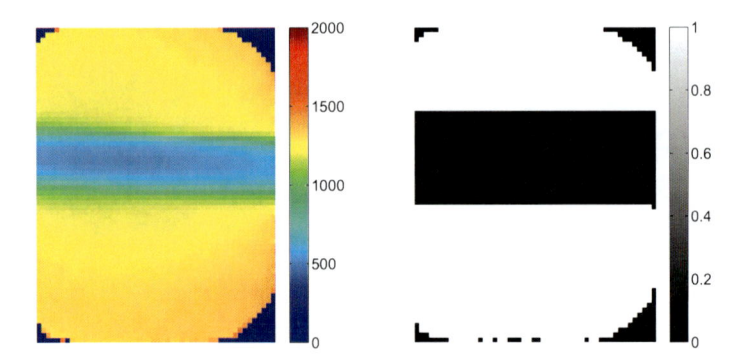

Abbildung 4.24: Segmentierung zwischen dem streulichtverursachenden Objekt und Elementen der Szene

erstellt, in dem die gemessenen minimalen Amplitudenwerte nach der oben aufgeführten Struktur aufgetragen werden. In Abbildung 4.25 ist ein derartiges Diagramm dargestellt.

Die Ableitung der jeweiligen Reflektivitäten basiert auf der Regression der, in Abbildung 4.25 visualisierten, Diagramme durch einen kubischen Spline[3]. Die Messwerte, die zur Herleitung dieses Methode herangezogen werden, umfassen n_ρ Amplitudenwerte, die auf alle Bildbereiche n_A angewendet wurden. Daraus ergeben sich $n_\rho{}^2$ Kombinationsmöglichkeiten.

Die gemessenen Amplitudenwerte, ρ_x, werden in die entsprechenden $2 \cdot n_\rho$ Splines eingesetzt. Abhängig von der jeweils ausgewählten Region ergibt sich eine Index-Kombination, i_O und i_{H_x}, deren absolute Differenz zu der Index-Kombination der anderen Region minimal ist.

Im Idealfall, die Amplitudenwerte überlagern sich exakt mit den Amplitudenwerten, die für die Herleitung der Regression verwendet wurden, ist diese Differenz Null. Sollte die Differenz nicht Null sein, so wird von den Wertepaaren, bei denen keine Übereinstimmung erzielt wurde, der arithmetische Mittelwert, der zu den Indizes gehörigen Reflektivitäten, gebildet.

$$\Delta i = \min(|i_H - i_O|) \quad \left\{ \begin{array}{lll} i = 0 & : & \rho_{H,O} = (\rho(i_H) \cap \rho(i_O)) \\ i \neq 0 & : & \rho_{H,O} = (\frac{|\rho(i_H) - \rho(i_O)|}{2}) \end{array} \right. \quad (4.29)$$

i_H : Index *Hintergrundreflektivität*
i_O : Index *Objektreflektivität*
ρ_x : Reflektivität des Bereichs A_x

Die Reflektivitäten, die auf diese Art und Weise ermittelt wurden, dienen das Eingangsgrößen für die Bestimmung der korrekten Objekt- bzw. Hintergrunddistanz.

---

[3]Ein Spline ist eine Funktion, die stückweise aus Polynomen zusammengesetzt ist. Dabei werden an den Stellen, an denen zwei Polynomstücke zusammenstoßen bestimmte Bedingungen gestellt.

4.4. Algorithmische Streulichtkompensierung

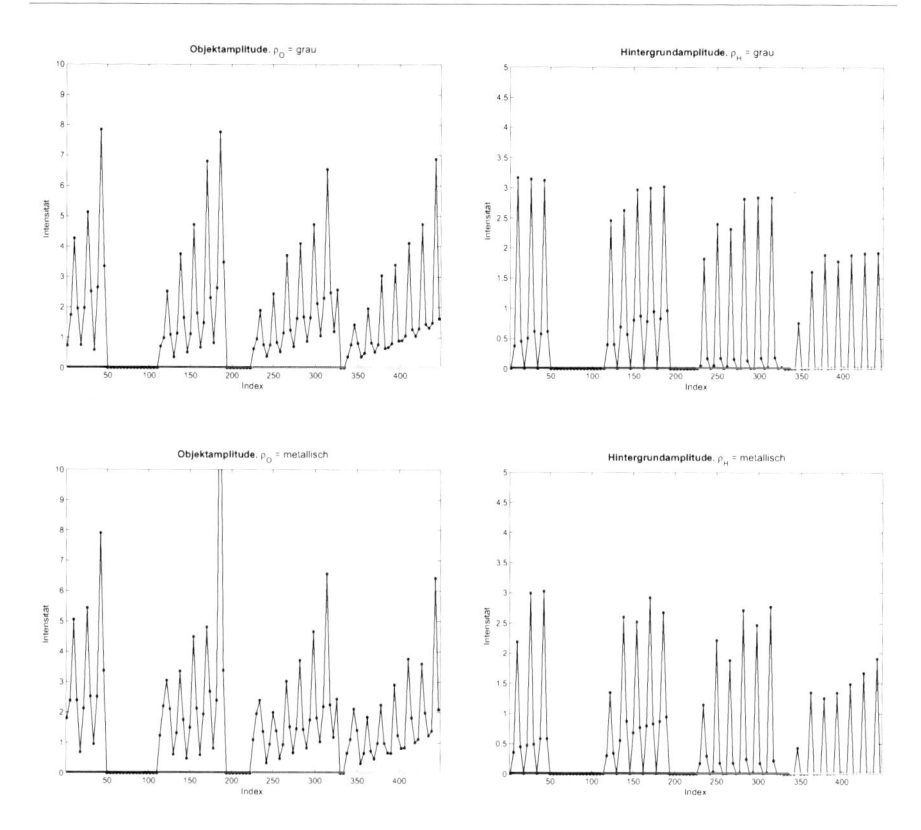

Abbildung 4.25: Indizierung der Amplitudenwerte Die Indizierung der Amplitudenwerte ist abhängig von der Reflektivität der betrachteten Region.

Korrektur von Objekt- und Hintergrunddistanz

Mit Hilfe der Reflektivitäten, die aus den Amplitudenwerten und den dazugehörigen Distanzinformationen abgeleitet wurden, erfolgt die Korrektur der Objekt- bzw. Hintergrunddistanz. Zu diesem Zweck wird für jede mögliche Kombination M_K von Objekt- und Hintergrunddistanz (vgl. Abschnitt 4.2.3) eine drei-dimensionalen, reflektivitätsabhängigen Repräsentation P_x der jeweiligen Messdaten erstellt.

In diese Repräsentationen (*Menge von P_x*) fließen sowohl die ermittelten Reflektivitäten als auch die gemessenen, noch falschen, Distanzinformationen[4] ein. Sie drücken die Abhängigkeit der gemessenen Distanzinformation des Objekts in Abhängigkeit der ermittelten Reflektivitäten aus. Der Aufbau dieser Repräsentationen, wie exemplarisch in Abbildung 4.26 dargestellt, ist wie folgt:

- Reflektivität des Objekts (*Abszisse*)

---
[4]Da die Messabweichung über den Bereich A_O konstant ist, erfolgt die Bestimmung der notwendigen Korrektur lediglich für einen Bildpunkt p (mit $p \in A_O$).

- Reflektivität des Hintergrunds (*Ordinate*)
- gemessene Distanz (*Applikate*)

Diese Form der Repräsentation wird auf alle Grunddaten, mit den verschiedenen Kombinationen n_{HO} aus Hintergrund- und Objektdistanz angewendet. Diese n_{HO} Kombinationen setzen sich aus verschiedenen, miteinander kombinierten Hintergrund- und Objektdistanzen, n_H und n_O, zusammen. Die realen Distanzinformationen von Hintergrund und Objekt können, wie in Gleichung 4.30 gezeigt, der jeweiligen Repräsentation P_x zugeordnet werden.

$$P_x(\rho_H{}', \rho_O{}', d_x) \rightarrowtail d_{H_x}{}', d_{O_x}{}' \tag{4.30}$$

Über alle möglichen Kombinationen von Hintergrund- und Objektdistanz n_{HO} können nun die fehlerhaften Distanzinformationen extrahiert werden, die zu dem ermittelten Reflektivitätswertepaar gehören. Die Anzahl der Reflektivitäten die zur Aufnahme der Grunddaten verwendet wurden und auf denen diese Korrektur beruht, ist n_ρ, daher müssen Zwischenwerte linear interpoliert werden.

Für die weitere Vorgehensweise wird die Repräsentation ρ_x gesucht, deren absolute Differenz aus extrahierter und gemessener Distanz, d_{P_x} und d, minimal ist.

$$P = \min(|d_{P_x} - d|) \tag{4.31}$$

P : extrahierte Repräsentation
d_{P_x} : Distanz der extrahierten Repräsentation
d : unkorrigierte bzw. gemessene Distanz

Der ermittelten Repräsentation P werden die dazugehörigen realen Distanzen von Hintergrund und Objekt zugeordnet.

Abhängig von der Art der betrachteten Distanz, entweder Objekt oder Hintergrund, werden alle die Repräsentationen T der Gesamtmenge M selektiert, die über die gleiche reale Distanz $d_{X_x}{}'$ verfügen, wie die ermittelte Repräsentation P.

$$T \subseteq M \quad \{ \; d_{X_x}{}' \; = \; d_{X_P}{}' \tag{4.32}$$

Mit Hilfe dieser Untermenge erfolgt nun die Bestimmung der beiden Repräsentationen, P_i und P_j, und damit deren extrahierter Distanzinformationen, die die gemessene Distanz d einschließen.

$$d_{X_{P_i}} \leq d \leq d_{X_{P_j}} \tag{4.33}$$

d : gemessene Objektdistanz
$d_{X_{P_i}}$: Repräsentation mit einer extrahierten Distanz kleiner d
$d_{X_{P_j}}$: Repräsentation mit einer extrahierten Distanz größer d

4.4. Algorithmische Streulichtkompensierung

Abhängig von dem Verhältnis, dass nach Gleichung 4.34 berechnet wurde, kann nun die korrigierte Distanz der betrachteten Region bestimmt werden. Dieses geschieht über die Anwendung dieses Verhältnisses auf die, den Repräsentationen zugeordneten realen Distanzen (vgl. Gleichung 4.34f).

$$Q = \frac{d - d_{X_{P_i}}}{d_{X_{P_j}} - d_{X_{P_i}}} \tag{4.34}$$

$$d_X' = d_{X_{P_i}}' + (Q \cdot (d_{X_{P_j}}' - d_{X_{P_i}}')) \tag{4.35}$$

Q : Verhältnis

Korrektur weiterer Einflüsse der Objektgeometrie

Abgesehen von der Korrektur der Objekt- und Hintergrunddistanz bzw. -reflektivität wird das entstandene Streulicht auch durch die Objektgeometrie – vornehmlich die Objektgröße und die Lage des Objekts zur optischen Achse – signifikant beeinflusst.

Die Kompensierung der Auswirkungen dieser Ursachen werden in den folgenden beiden Absätzen erläutert.

Abdeckung des Sichtfeldes Um den Einfluss der Objektgröße zu korrigieren, wurden die Grunddaten, beschrieben in Abschnitt 4.2.3, um zwei Objekte erweitert, deren Reflektivität mit den Objekten in den Grunddaten übereinstimmt. Für die Herleitung der Korrekturfunktion wurden Messaufnahmen (*Referenzdaten*) der drei verschieden großen Objekten in gleicher Entfernung getätigt.

Nach der Segmentierung der Objekte in den Referenzdaten, wurde für die Objekte sowohl die Größe n_{Objekt} als auch die durch sie verursachte Messabweichung δd ermittelt. Mit Hilfe der Gleichung 4.36 kann diese Objektgröße in Bildpunkten in eine tatsächliche Größe umgerechnet werden.

$$A = n_{Objekt} \frac{4 \cdot \tan\frac{\phi}{2} \cdot \tan\frac{\theta}{2}}{n_{Sensor}} \cdot d_O^2 \tag{4.36}$$

A : tatsächliche Objektgröße $[mm^2]$
n_{Objekt} : Bildpunkte zum Objekt gehörig [Bildpunkte]
n_{Sensor} : Bildpunkte des Messsystems [Bildpunkte]
ϕ : horizontaler Öffnungswinkel $[rad]$
θ : vertikaler Öffnungswinkel $[rad]$

Aus den Referenzdaten lässt sich die Abhängigkeit der Messabweichung von den Referenzdaten ableiten. Dieser Zusammenhang und die entsprechende Korrekturfunktion sind in Abbildung 4.27 dargestellt.

Die Korrekturfunktion ist normiert auf das quaderförmige Objekt, dargestellt in Abbildung 4.10.

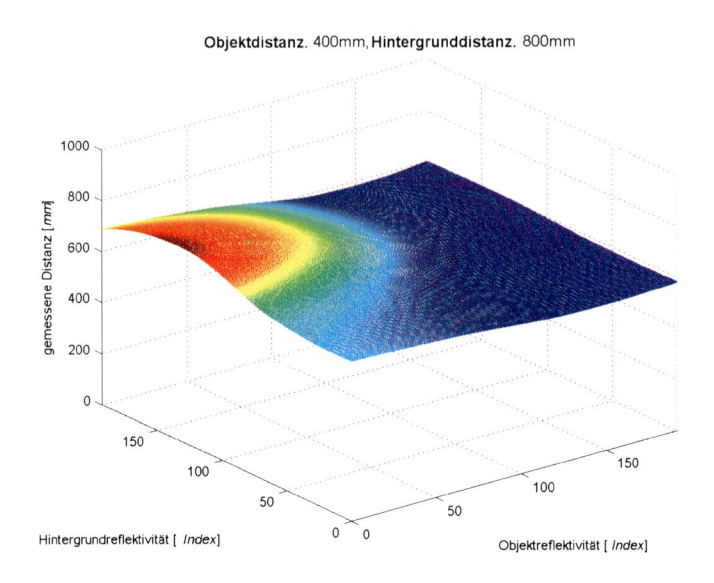

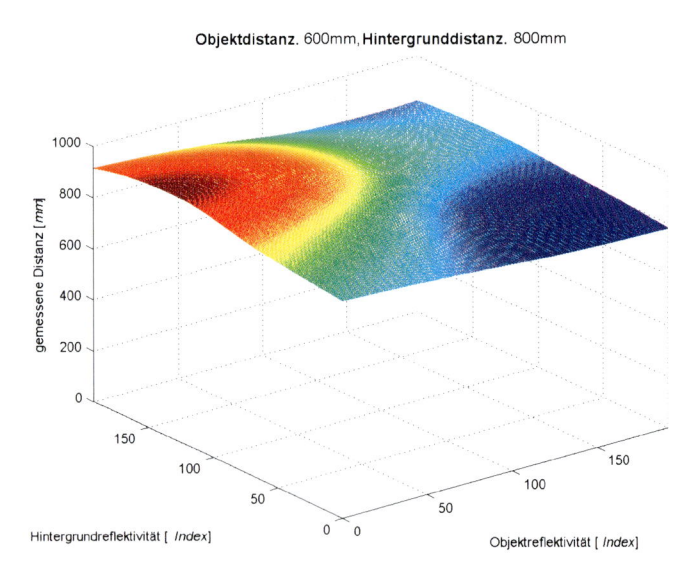

Abbildung 4.26: Distanz-Reflektivität-Abhängigkeit Kubische Interpolation und Visualisierung der Abhängigkeit der gemessenen Distanzen von den Reflektivitäten von Hintergrund und Objekt.

4.4. Algorithmische Streulichtkompensierung

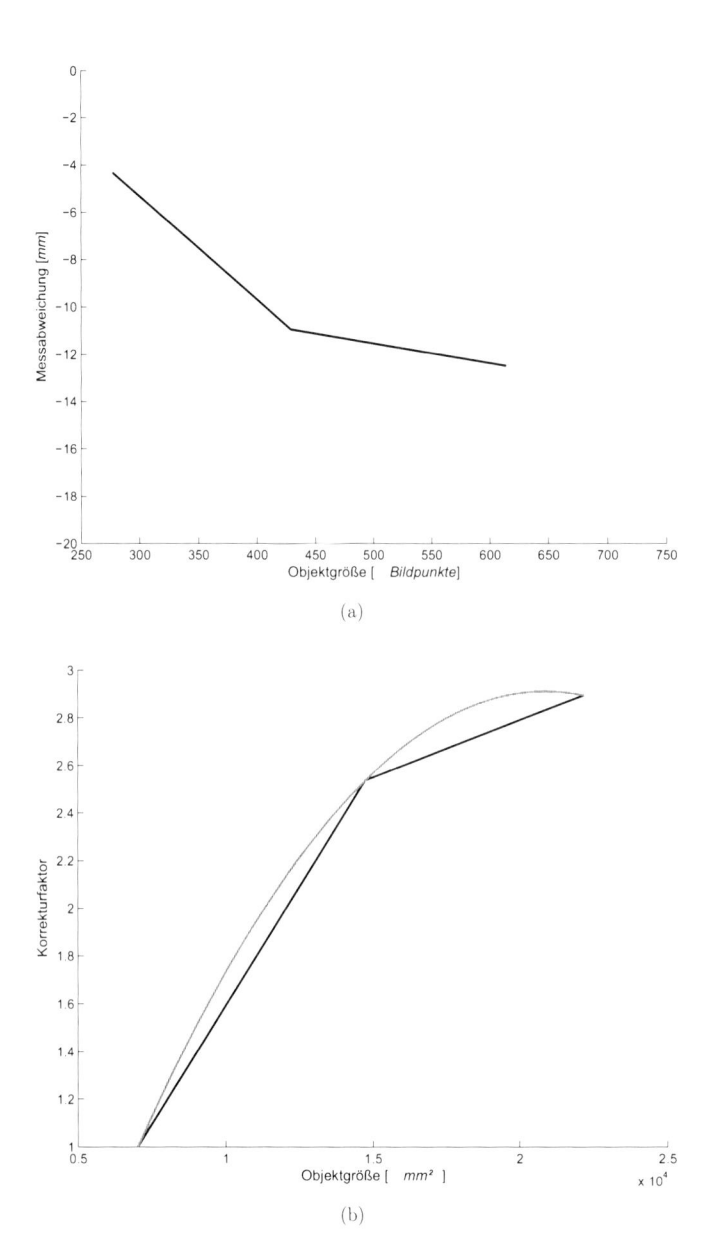

(a)

(b)

Abbildung 4.27: Abhängigkeit der gemessenen Distanz von der Objektgröße In Abbildung (a) ist die Messabweichung in Abhängigkeit der gemessenen Distanz gegeben, in (b) die Bestimmung des dazugehörigen Korrekturfaktors.

Verschiebung des Objektschwerpunkts zur optischen Achse Neben dem Einfluss der Objektgröße, ist auch die geometrische Lage des Objekts zur optischen Achse des Messsystems für die Kompensierung des Streulichts von Relevanz. Dieser Sachverhalt wurde bereits in Abschnitt 4 nachgewiesen.

Die Voraussetzung für eine Korrektur dieser Verschiebung ist eine konstante Messabweichung unabhängig vom Abstand des Objektschwerpunkts zur optischen Achse. Ein Vergleich der Messabweichungen von verschiedenen Objektpositionen ist in Abbildung 4.28 gegeben.

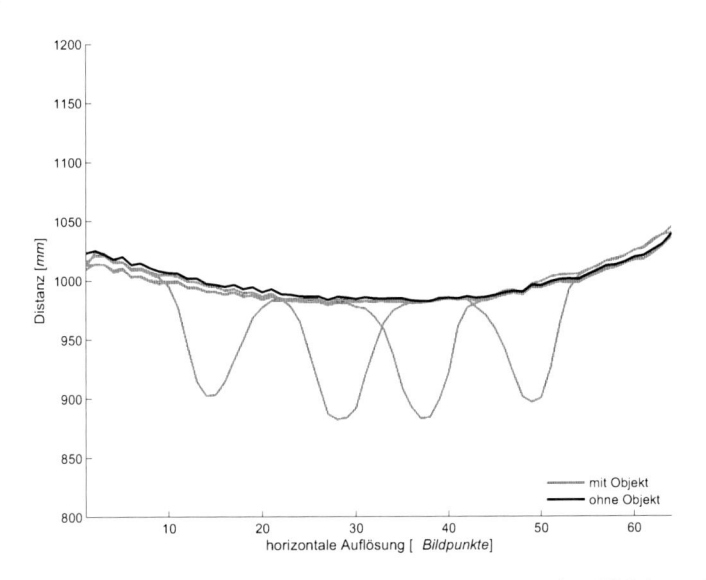

Abbildung 4.28: Abhängigkeit der gemessenen Distanz von der Objektposition Die Messabweichung ist unabhängig vom Abstand des Objektschwerpunkts zur optischen Achse konstant.

Der Vergleich von verschiedenen Objektpositionen in Abbildung 4.28 zeigt, dass die Messabweichung unabhängig von dem Abstand des Objektschwerpunkts zur optischen Achse konstant ist. Hieraus folgt, dass die Messabweichung in erster Linie nur von dem Betrag der Verschiebung abhängig ist. Diese Abhängigkeit ist in Abbildung 4.29 (a) in Form einer Regressionsgerade gegeben.

Allerdings ist der Betrag der Verschiebung indirekt auch von der Objektdistanz d_O abhängig. Aus diesem Grund müssen die Parameter der Regressionsgerade - Steigung m und Schnittpunkt mit der Ordinate b - in Abhängigkeit der Objektdistanz ausgedrückt werden. In Abbildung 4.29 (b) und (c) sind diese Abhängigkeiten grafisch dargestellt.

4.4. Algorithmische Streulichtkompensierung

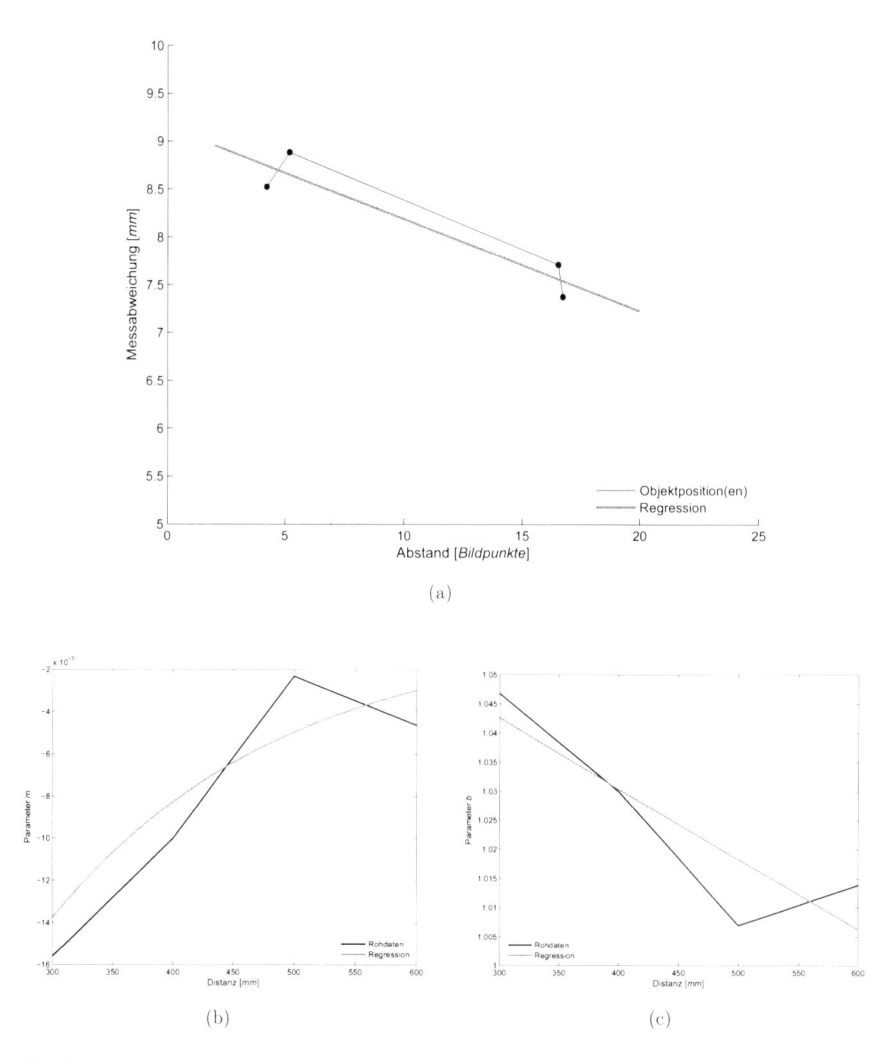

(a)

(b)　　　　　　　　　　　　　　(c)

Abbildung 4.29: Ermittlung der notwendigen Korrektur Die Regressionsgerade zur Ermittlung der notwendigen Korrektur ist in Abbildung (a) gegeben, die Parameter der Regressionsgerade in Abhängigkeit der Objektdistanz in den Abbildungen (b) und (c).

4.5 Zusammenfassung

Die Messdaten der indirekten Lichtlaufzeitmessung können auf zwei unterschiedliche Arten durch Streulicht korrumpiert werden: Auf der einen Seite kann dieses durch die Komplexität der Szene selbst und auf der Anderen durch Objekte hervorgerufen werden, die sich in kleinem Abstand zum Messsystem in dessen Strahlengang befinden.

Streulicht, das durch die Komplexität der Szene hervorgerufen wird, entsteht durch mehrfache Reflektionen innerhalb dieser Szene. Allerdings kann diese Szene unendlich viele Variationen annehmen, was eine Korrektur in dynamischen Umgebungen nahezu unmöglich macht. Bei statischen Szenen ist eine Bestimmung des Grades der Kontamination durch Simulation möglich.

Für das Streulicht, welches durch in geringem Abstand zum Messsystem in dessen Strahlengang befindliche Objekte verursacht wird, wurde ein mathematisches Modell entworfen, dass diesem Phänomen Rechnung trägt.

Da die hierfür benötigten Informationen in den zur Verfügung stehenden Messdaten nicht vorliegen, ist die Entwicklung eines generischen Ansatzes zur Bestimmung des Streulichtanteils von Nöten. Für den Entwurf von entsprechenden Lösungsansätzen bzw. -strategien wurden mögliche Einflussfaktoren und deren Auswirkungen auf den Grad des Streulichtanteils untersucht.

Neben dem konventionellen Ansatz zur Unterdrückung des Streulichtanteils durch entsprechende Modifikationen des optischen Abbildungssystems, wurde ein Algorithmus entwickelt, um die streulichtbedingten Messabweichungen auf ein Minimum zu reduzieren. Dieser mehrstufige Algorithmus korrigiert die gemessenen Distanzen anhand der Reflektivitäten, die aus den gemessenen Amplitudenwerten abgeleitet wurden.

Kapitel 5

Messungen und Ergebnisse

5.1	Motivation	100
5.2	Charakteristika des Messsystems	101
	5.2.1 Temperaturverhalten	101
	5.2.2 Signal-Rausch-Verhältnis	102
	5.2.3 Blendung	104
	5.2.4 Bewegungsartefakte	106
	5.2.5 Unterschiedliche Umgebungsbedingungen	106
5.3	Prinzipbedingte Messfehler	110
	5.3.1 Abbildungsfehler	110
	5.3.2 Abtastung des Messsignals	110
5.4	Streulichteffekte	114
	5.4.1 Optische Streulichtunterdrückung	114
	5.4.2 Algorithmische Streulichtkompensierung	123
5.5	Zusammenfassung	131

5.1 Motivation

Die Methoden bzw. Verfahren zur Charakterisierung des Messsystems und zur Korrektur der Messfehler und -abweichungen, die in den vorangegangenen Kapiteln vorgestellt bzw. entworfen wurden, werden anhand von Experimenten mit einem realen Messsystem verifiziert.

Als Messsystem kommt der **PMD[vision] O3** der *PMDTechnologies GmbH* zum Einsatz, der erste kommerziell am Markt verfügbare Sensor, der auf dem Prinzip der kontinuierlichen Modulationsinterferometrie beruht. Das Messsystem ist in Abbildung 5.2 dargestellt. Weitere Informationen zu diesem Messsystem sind in dem dazugehörigen Datenblatt [68] bzw in Veröffentlichungen von Möller in [58] und Kraft in [38].

Eliminierung von Hintergrundstrahlung (SBI) Die Eliminierung von Hintergrundlicht ist, wie Hagebeuker in [21] anführt, integraler Bestandteil der Bildsensoren der *PMD-Technologies GmbH*. Hintergrundlicht und insbesondere Sonnenlicht stellen für optische Messsysteme mit aktiver Beleuchtung eine große Herausforderung dar, den in den meisten Fällen wird hierdurch ein sehr viel größeres Signal erzeugt, als durch die aktive Beleuchtung selbst. Für das betreffende optische Messsystem bedeutet dies, dass der Sensor in die Sättigung gerät, wodurch das eigentliche Messergebnis, hier die gemessene Distanz, verschlechtert wird.

Um diesem Umstand gerecht zu werden, sind die Bildsensoren von der *PMDTechnologies GmbH* mit einem intelligenten Verfahren ausgestattet. Sie können zwischen dem modulierten Lichtsignal der aktiven Beleuchtung und dem unmodulierten Hintergrundlicht unterscheiden. Dieses Verfahren ist in Form der so genannten SBI-Schaltung (Suppression of Background Illumination) in jeden Bildpunkt des Bildsensors implementiert.

Das Funktionsprinzip dieses Verfahrens ist in Abbildung 5.1 dargestellt. In der linken Grafik (a) ist der Fall mit Fremdlichteinstrahlung ohne SBI veranschaulicht: Die Speicherbereiche im Bildpunkt sind fast vollständig durch Ladungsträger, verursacht durch Hintergrundlicht, gefüllt. Daraus resultiert, dass der für die Distanzmessung relevante Signalanteil sehr klein ist, was ein ungenaueres Messergebnis bzw. ein größeres Entfernungsrauschen zur Folge hat.

Im Gegensatz zum aktiven Signal ist das Hintergrundlicht jedoch unmoduliert bzw. unkorreliert und wirkt sich somit annähernd gleich auf die Auslesedioden des jeweiligen Bildpunkts aus, woraus ein Gleichanteil resultiert, der auf den Ausgangskanälen des Bildpunkts identisch ist. Dieser symmetrische Gleichanteil wird von der SBI-Schaltung erkannt und entfernt. Dieses Verfahren ist in der rechten Grafik (b) gezeigt. Allerdings lässt sich mit diesem Verfahren nicht nur unmoduliertes Hintergrundlicht unterdrücken, sondern auch thermisch generierte Ladungsträger, welche ebenfalls symmetrisch auf die Auslesedioden wirken.

Die speziellen Eigenschaften des verwendeten Messsystems sind in der nachfolgenden Tabelle 5.1 zusammengefasst.

Während in dem folgenden Abschnitt zunächst die Charakteristika des Messsystems bestimmt werden, befassen sich die beiden weiteren Abschnitte dieses Kapitels mit der Beurteilung der vorgestellten bzw. entworfenen Methoden und Verfahren zur Korrektur der Messfehler und -abweichungen.

Für die Beurteilung der Methoden und Verfahren der Messfehler und -abweichungen werden sowohl die Grunddaten, die zur Erstellung der entsprechenden Algorithmen ge-

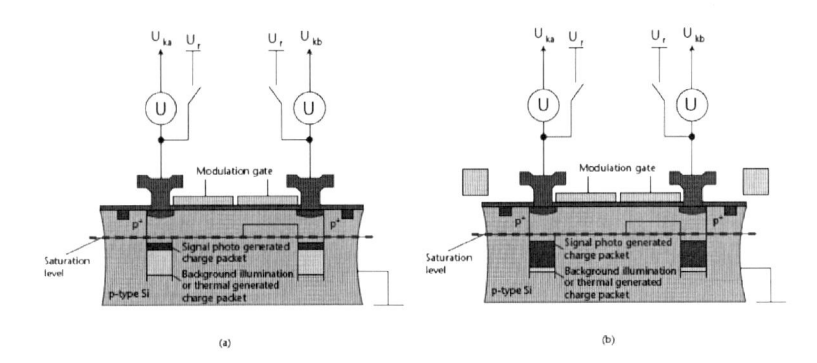

Abbildung 5.1: Funktionsweise der Eliminierung von Hintergrundstrahlung Schematischer Aufbau eines PMD-Pixels und SBI-Funktionsprinzip. Im unteren Teil des Bildes ist das Signal dargestellt: (a) mit hohem Fremdlichtanteil und ohne SBI. (b) mit hohem Fremdlichtanteil und mit SBI.
Quelle. [21]

nutzt wurden, als auch reale Szenen herangezogen.

5.2 Charakteristika des Messsystems

Der erfolgreiche Einsatz eines derartigen Messsystems setzt voraus, dass dessen Grenzen hinlänglich bekannt sind. Die Bestimmung dieser Grenzen ist in den nachfolgenden Unterabschnitten hinreichend beschrieben. Da diese Messdaten zu einem großen Anteil auch Grundlage der notwendigen Kalibrierung(en) sind, wurden für die Ermittlung der Charakteristika die unbearbeiteten Rohdaten verwendet.

5.2.1 Temperaturverhalten

Der Einfluss der Temperatur ist bei dem betrachteten Messsystem von essentieller Bedeutung, da auf der einen Seite die Leuchtdioden der Emitter-Baugruppe eine starke Wärmeentwicklung verursachen und auf der anderen Seite die entstandene Wärme das Photonenrauschen negativ beeinflusst, was eine Beeinträchtigung der Distanzmessung zur Folge haben kann.

Um das Temperaturverhalten sichtbar zu machen werden, wie in Unterabschnitt 3.2.1 beschrieben, in definierten zeitlichen Abständen sowohl die Temperatur am Gehäuse des Messsystems gemessen, als auch Messaufnahmen zur Bestimmung der Distanzinformation getätigt. In Abbildung 5.3 ist dieses Verhalten dargestellt.

In dem Diagramm ist deutlich zu erkennen, dass die gemessene Distanz nahezu konstant über den betrachteten Zeitbereich ist, während die Temperatur exponentiell ansteigt und erst gegen Ende einen konstanten Wert annimmt. Dieser Zeitpunkt, ab dem die

Abbildung 5.2: Messsystem Dieses Messsystem wurde für die durchgeführten Experimente genutzt.

Temperatur einen konstanten Wert annimmt, wird als stabiler Temperatur-Arbeitspunkt bezeichnet.

Dieses Verhältnis lässt darauf schließen, dass das Messsystem bereits über eine Temperatur-Kompensierung verfügt, die den nachteiligen Einfluss von ansteigender Temperatur auf das Photonenrauschen ausgleicht.

5.2.2 Signal-Rausch-Verhältnis

Nachdem ein stabiler Temperatur-Arbeitspunkt gefunden ist, gilt es zu untersuchen inwieweit sich die, mit dem Messsystem erzielten, Ergebnisse reproduzieren lassen. Um dieses beurteilen zu können, wird für jedes Bildelement das Signal-Rausch-Verhältnis gebildet. Eine detaillierte Beschreibung ist in Unterabschnitt 3.2.2 zu finden.

In Abbildung 5.4 ist das SNR eines jeden Bildpunkts in Falschfarben dargestellt. In dieser Abbildung ist auch der Einfluss der Reflektivität der Szene auf das SNR deutlich zu erkennen. Es besteht ein signifikanter Unterschied zwischen der Referenzfläche A (vgl. Abbildung 3.1) und dem Hintergrund. Die höhere Reflektivität der Referenzfläche zieht ein besseres Signal-Rausch-Verhältnis nach sich.

Das Signal-Rausch-Verhältnisse eines jeden Bildpunkts, veranschaulicht in Abbildung 5.4 lässt die Schlussfolgerung zu, dass das SNR mit steigendem Euklid'schen Abstand zwischen dem betrachteten Bildpunkt und der optischen Achse sinkt.

In Tabelle 5.2 ist sowohl das Signal-Rausch-Verhältnis der optischen Achse als auch der Mittelpunkte der vier Quadranten (Einteilung gemäß Tabelle 3.1) geben.

Der signifikante Größenunterschied des SNR der optischen Achse und der einzelnen Quadranten spricht für den Einfluss der Euklid'schen Abstands auf das SNR. Die unterschiedlichen Ergebnisse der einzelnen Quadranten sind auf eine, nicht ganz parallele Ausrichtung der Sensorfläche des Messsystems zur Referenzfläche bzw. zum Hintergrund

5.2. Charakteristika des Messsystems

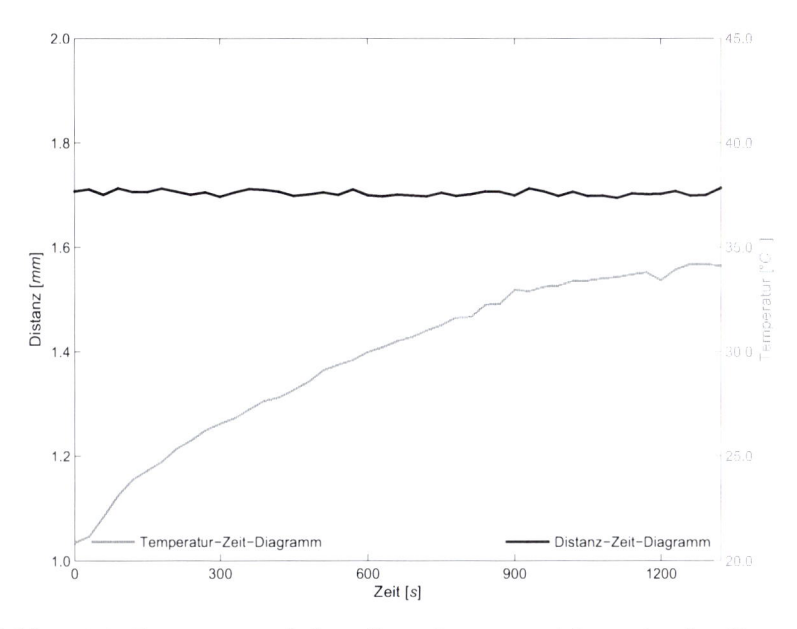

Abbildung 5.3: Temperaturverhalten Trotz der exponentiell ansteigenden Temperatur bleibt die gemessene Distanz nahezu konstant.

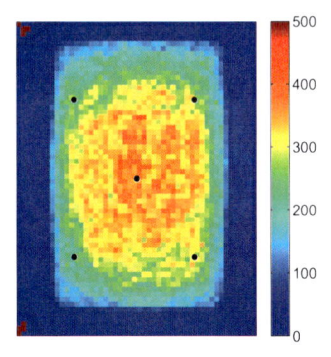

Abbildung 5.4: Signal-Rausch-Verhältnis Das Signal-Rausch-Verhältnis verringert sich, je größer der Euklid'sche Abstand des betrachteten Bildpunkts zur optischen Achse des Messsystems ist. Weiterhin ist der Einfluss der Reflektivität der Szene zu erkennen: Eine geringere Reflektivität lässt ebenfalls auf ein niedrigeres SNR schließen.

	PMD[vision] O3	
Auflösung	64 x 48	[Bildpunkte]
Abmessungen eines Bildpunkts	100 x 100	[μm]
Brennweite	8.6	[mm]
Blickfeld	40 x 30	[°]
Modulationsfrequenz	20	[MHz]
Messbereich	0.5 - 3.0	[m]
Wellenlänge	850	[nm]
Beleuchtung	1 Feld (33 LEDs)	
Optische Leistung	≈ 1	[W]
FPS	≈ 20	
Versorgungsspannung	24	[V]
Stromaufnahme (peak)	-	[A]
Stromaufnahme (AVG)	0.5	[A]
Abmessungen	55 x 45 x 85	[mm]

Tabelle 5.1: O3. Eigenschaften des Messsystems

Messpunkt	$\bar{d}$	σ	SNR
optische Achse	1.584	0.004	370.360
1. Quadrant.	1.640	0.006	279.425
2. Quadrant.	1.607	0.005	317.873
3. Quadrant.	1.638	0.008	208.554
4. Quadrant.	1.604	0.005	338.761

Tabelle 5.2: Messergebnisse für das Signal-Rausch-Verhältnis

zurückzuführen.

Sofern der Fokus der Betrachtung auf dem Bereich der Referenzfläche A liegt, kann von einem großen Signalanteil im Verhältnis zum Rauschanteil gesprochen werden. Das Verhältnis beträgt über die gesamte Fläche mindestens 200:1.

5.2.3 Blendung

Das Vorhandensein einer Gegenlichtquelle im Strahlengang des Messsystems kann dessen Messergebnisse wesentlich beeinflussen. Um dieses Verhalten zu untersuchen, wird eine Gegenlichtquelle in den Strahlengang eingefügt. Als Gegenlichtquelle dient ein Halogen-Leuchtmittel, dessen abgestrahltes Spektrum auch die Wellenlänge des betrachteten Messsystems einschließt (vgl. Tabelle 5.1).

In Abbildung 5.5 sind die Auswirkungen einer derartigen Gegenlichtquelle aufgezeigt: ausgeschaltete Gegenlichtquelle (a), eingeschaltete Gegenlichtquelle (b), absolute Differenz der gemessenen Distanzen - ein- bzw. ausgeschaltete Gegenlichtquelle (c) und die mar-

5.2. Charakteristika des Messsystems

kierten fehlerhaften Bildpunkte (d). Ein Bildpunkt gilt als fehlerhaft, wenn die Differenz der gemessenen Distanzen bei ein- und ausgeschalteter Gegenlichtquelle einen Schwellwert s_{max} überschreitet.

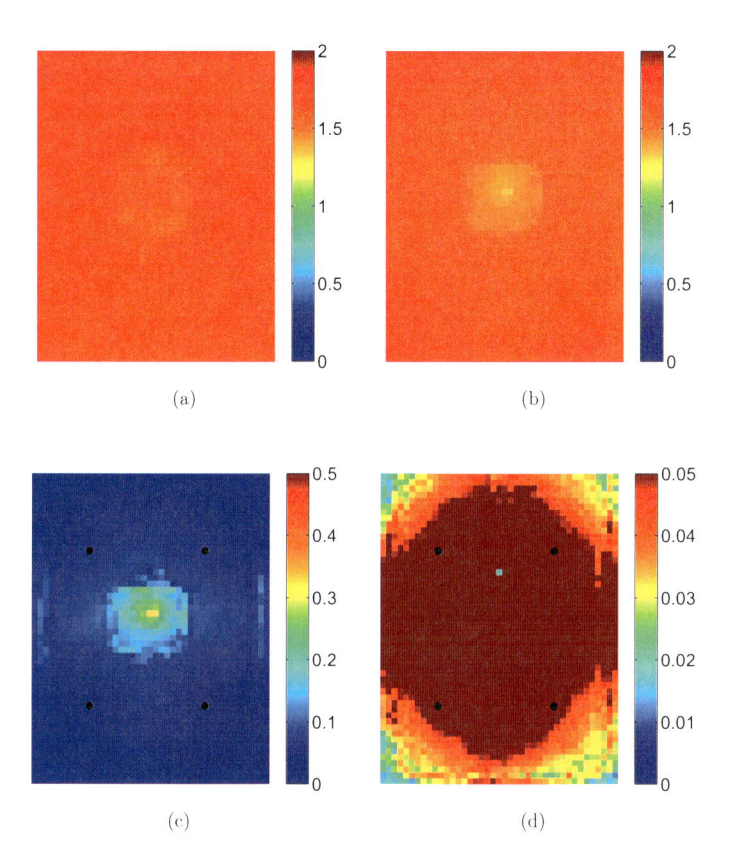

(a)   (b)

(c)   (d)

Abbildung 5.5: Blendung Gegenlichtquelle ausgeschaltet (a), Gegenlichtquelle eingeschaltet (b), absolute Differenz der gemessenen Distanzen - ein- bzw. ausgeschaltete Gegenlichtquelle (c) und die markierten fehlerhaften Bildpunkte bei $s_{max} = 0.05[m]$ (d).

Zusätzlich zur Bestimmung der fehlerhaften Bildpunkte wird bei diesem Szenario auch das SNR der vier Quadranten Mittelpunkte bestimmt. Die optische Achse kann hier nicht als Merkmal herangezogen, da der Distanzwert dieses Bildpunkts durch die Blendung der Gegenlichtquelle ungültig ist.

Die ermittelten Signal-Rausch-Verhältnisse sind in Tabelle 5.3 gegeben.

Der Vergleich zwischen den hier gemessenen SNR mit denen, ohne Gegenlichtquelle aus Unterabschnitt 5.2.2, zeigt, dass sich die Gegenlichtquelle negativ auf dieses Verhältnis auswirkt. Der Faktor, um den sich die einzelnen SNR-Werte verschlechtert haben, ist ungefähr Faktor 6.

Messpunkt	$\bar{d}$	σ	SNR
1. Quadrant.	1.678	0.042	39.586
2. Quadrant.	1.662	0.066	25.134
3. Quadrant.	1.679	0.038	44.779
4. Quadrant.	1.656	0.033	50.299

Tabelle 5.3: Messergebnisse für das Blendverhalten

5.2.4 Bewegungsartefakte

Da nicht davon ausgegangen werden kann, dass die Umgebungen, in denen derartige Messsysteme eingesetzt werden, stets statisch sind, gilt es auch, den Einfluss von Bewegungen innerhalb der betrachteten Szene zu untersuchen. Das sich dieser Einfluss negativ auf die Qualität der Messdaten auswirken kann, liegt in dem zugrunde liegenden Messprinzip, der Lichtlaufzeitmessung, begründet (Doppler-Effekt). Bei zu großen Bewegungen innerhalb der Szene wird das reflektierte Lichtsignal beeinträchtigt, was sich vornehmlich in unscharfen Objektkanten ausdrückt.

Um diesem Umstand Rechnung zu tragen, wurde ein Objekt mit definierten Geschwindigkeiten durch das Blickfeld des Messsystems bewegt. In Abbildung 5.6 sind die verschiedenen Objektkanten für drei Geschwindigkeiten ($0.\bar{3}, 0.\bar{6}$ und $1.0\frac{m}{s}$) im Vergleich zu den statischen Objektkanten dargestellt. Zur Visualisierung der Objektkanten wurde jeweils eine Spalte aus den Messdaten extrahiert.

Den extrahierten Distanzinformationen in Abbildung 5.6 ist zu entnehmen, dass keine dieser drei Geschwindigkeiten zu unscharfen Objektkanten geführt hat. Auch die Größe des Objekts, Bereich innerhalb der beiden Objektkanten, ist konstant. Weiterhin ist zu beobachten, dass die, bei bewegtem Objekt, gemessenen Distanzen denen des statischen Objekts entsprechen. Etwaige Versätze zwischen den einzelnen Objektkanten ergeben sich aus den betrachteten Momentaufnahmen.

5.2.5 Unterschiedliche Umgebungsbedingungen

In den vorhergehenden Szenarien konnte schon beobachtet werden, das unterschiedliche Reflektivitäten einen Einfluss auf die gemessenen Distanzinformationen haben. Um sowohl diesen Einflussfaktor, als auch den Einflüsse der Objektdistanz selbst und des Umgebungslichts zu untersuchen, wird ein anderer Versuchsaufbau, wie in Unterschnitt 3.2.5 ausführlich beschrieben, verwendet.

In den Abbildungen 5.7f sind die gemessenen, die realen Distanzen und die daraus resultierende Messabweichung, unterteilt nach der Höhe des Umgebungslichts, grafisch dargestellt. Die verschiedenen Objektreflektivitäten (2, 18, 62 und 90) sind dabei durch die grau-schattierten Abschnitte der x-Achse angedeutet.

In den beiden Abbildungen 5.7 (a) und (b) ist zu erkennen, dass bei geringem Umgebungslicht, großen Objektdistanzen und geringen Reflektivitäten das reflektierte Lichtsignal nicht für eine korrekte Bestimmung der Distanz ausreicht. Lässt man diese Werte aus der Beurteilung der beiden Graphen außen vor, so liegt die maximale Messabweichung bei 50 mm. Betrachtet man dagegen die Messergebnisse bei hohem Umgebungslicht (100 $klux$), gegeben in Abbildung 5.8, dann ist auffällig, dass es bei großen Objektdistanzen

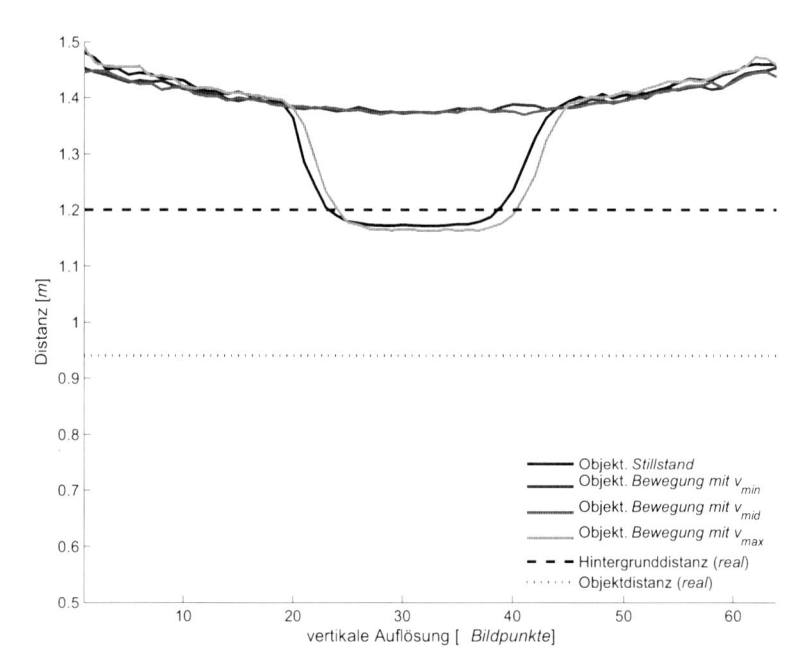

Abbildung 5.6: Bewegungsartefakte Deutlich zu erkennen ist, dass die drei untersuchten Geschwindigkeiten mit denen das Objekt bewegt wurde, keine unscharfen Objektkanten zur Folge hatte. Auch sind die gemessenen Distanzen identisch mit dem statischen Objekt.

(a)

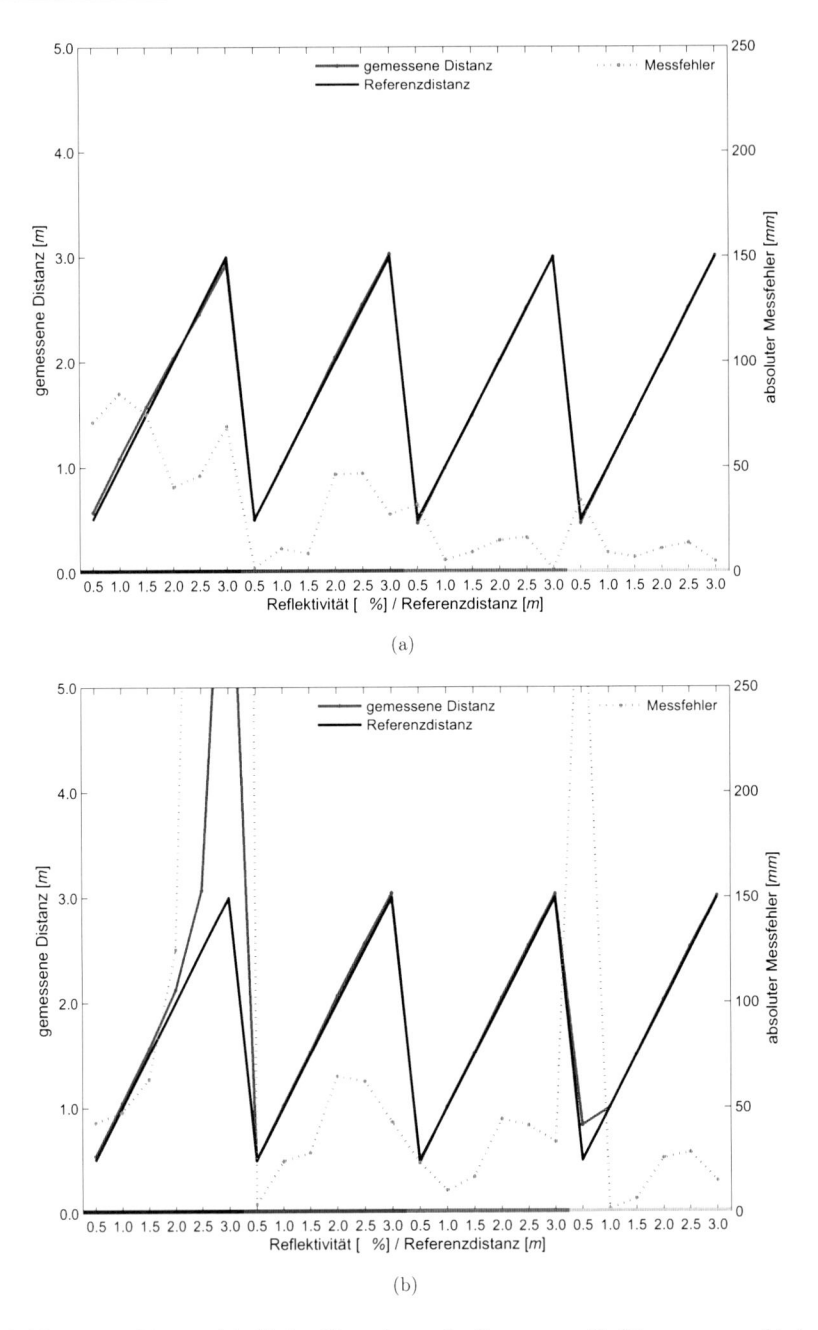

(b)

Abbildung 5.7: Unterschiedliche Umgebungsbedingungen Einflüsse von verschiedenen Objektdistanzen und -reflektivitäten für Umgebungslicht von (a) 0 $klux$ und (b) 1 $klux$

5.2. Charakteristika des Messsystems

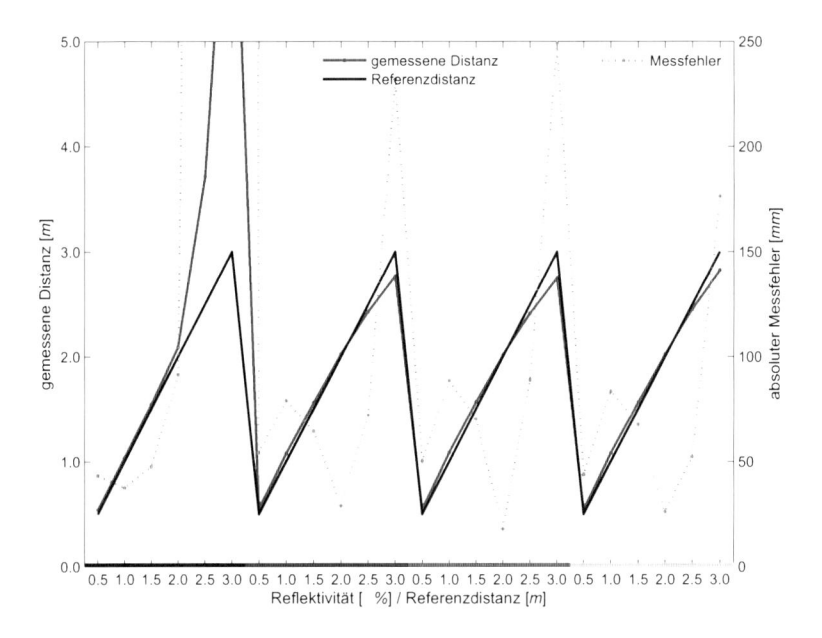

Abbildung 5.8: Unterschiedliche Umgebungsbedingungen Einflüsse von verschiedenen Objektdistanzen und -reflektivitäten für Umgebungslicht von 100 $klux$

und höheren Reflektivitäten zu teilweise sehr großen Messabweichungen ($> 100\ mm$) kommt.

In Unterabschnitt 3.3.2 wird ein Verfahren vorgestellt, um die Einflüsse der Objektdistanz zu kompensieren. Die Ergebnisse dieser Kompensierung sind in Abschnitt 5.3 zu finden.

5.3 Prinzipbedingte Messfehler

5.3.1 Abbildungsfehler

Die Ergebnisse der lateralen Kalibrierung eines **PMD[vision] O3** sind in den folgenden Abbildungen verdeutlicht. In Abbildung 5.9 sind die sowohl die ermittelte tangentiale als auch radiale Linsenverzerrung dargestellt. Für die Kalibrierung wurde die von Bouguet in [2] vorgestellte MATLAB®Toolbox verwendet.

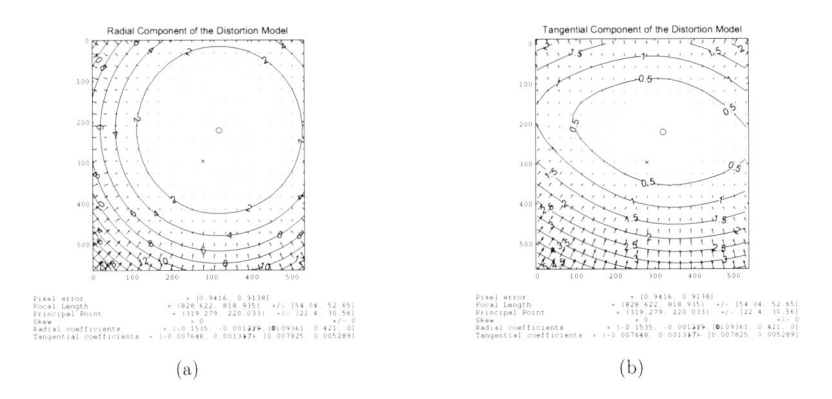

Abbildung 5.9: Linsenverzerrung (a) radial und (b) tangential (erstellt für den **PMD[vision] O3** mit der *Camera Calibration Toolbox for MATLAB®* [2])

Die Ergebnisse dieser Kalibrierung sind in Abbildung 5.10 den Eingangsdaten gegenübergestellt. Auf den ersten Blick sind lediglich einige marginale Änderungen am Schachbrettmuster im unteren Bereich des Bildes verändert.

Um die Korrekturen, die durch die Kalibrierung erzielt wurden, sichtbar zu machen, wurde die Differenz von Eingangs- und Ausgangsdaten gebildet. Diese ist in Abbildung 5.10 gegeben.

5.3.2 Abtastung des Messsignals

Die Grundlage des Verfahrens zur Distanzkalibrierung geht auf Lindner und Kolb zurück und ist in Abschnitt 3.3.2 ausführlich beschrieben. Für die Kalibrierung des verwendeten Messsystems (vgl. Abschnitt 5.1), welches sich für Messungen in einem Messbereich kleiner drei Metern hervorragend eignet, wurden eine Messreihe von 41 Einzelmessungen einer planen Ebene aufgenommen, der Abstand d des Messsystems zur Ebene wurde dabei

5.3. Prinzipbedingte Messfehler

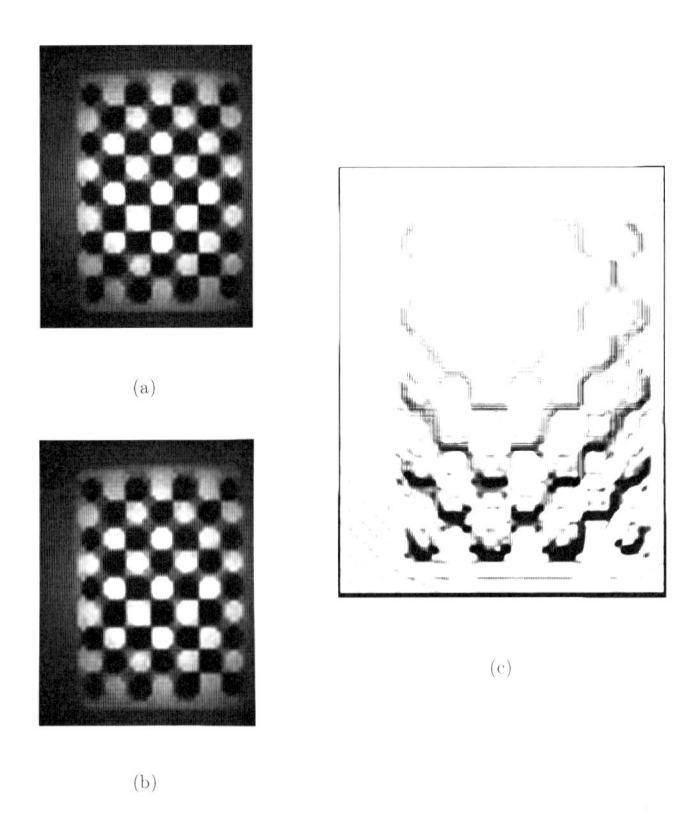

(a)

(b)

(c)

Abbildung 5.10: Vergleich der **Ein- und Ausgangsdaten** eines **PMD[vision O3]** nach erfolgter Kalibrierung mit der von Bouguet zur Verfügung gestellten MATLAB®Toolbox: (a) Eingangsdaten, (b) Ausgangsdaten und (c) das Differenzbild

schrittweise inkrementiert.

$$\{d \in \mathbb{R} \mid d_{min} \leq d \leq d_{max}\} \quad \text{mit} \quad d = k \cdot 100 \tag{5.1}$$
$$\tag{5.2}$$

d : Distanz zur planen Ebene$[mm]$
k : $k \in \mathbb{Z}$

Die Oberfläche der planen Ebene, die für die Einzelmessungen verwendet wurden, weist eine homogene Reflektivität auf.

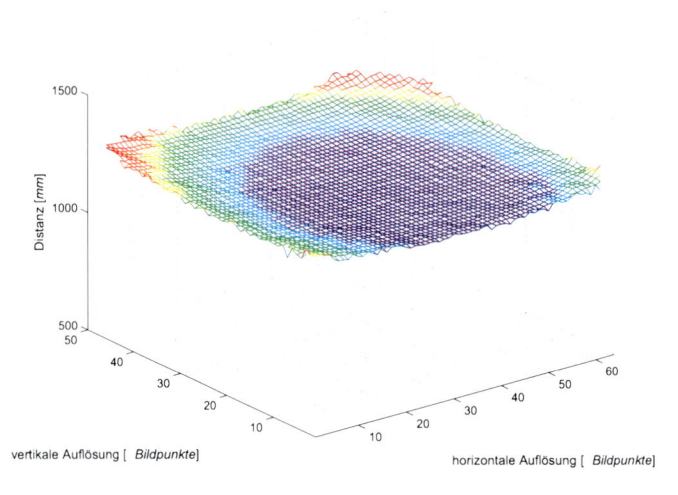

Abbildung 5.11: Distanzinformation einer Einzelmessung zur Kalibrierung

Basierend auf dieser Messreihe wurde für jeden Bildpunkt des Messsystems ein eigener Spline 4ten Grades mit sechs Knotenpunkten generiert. Diese Verfahrensweise bietet den Vorteil, dass eine separate Linsenkorrektur zum Ausgleich von Messabweichungen, verursacht durch die Öffnungswinkel des optischen Abbildungssystems, nicht erforderlich ist. Grundsätzlich wäre es auch möglich, dieses Verhalten mit der Toolbox von Bouguet, präsentiert in [2], zu korrigieren, allerdings ist die Erstellung einer Korrekturmatrix aufgrund der rudimentären Auflösung des Messsystems nur bedingt möglich.

Als Anhaltspunkte für die Güte des Verfahrens zur Distanzkalibrierung können sowohl der arithmetische Mittelwert der Messabweichung als auch die Standardabweichung, als Maßzahl der Streuung, herangezogen werden.

In Tabelle 5.4 sind die reale Distanz d', die gemessene Distanz d und die resultierende Messabweichungen Δd gegenübergestellt.

Für den ausgewählten Bereich ist eine signifikante Messabweichung im Bereich von 200 mm zu ersehen. Mit Hilfe des angewendeten Verfahrens zur Kalibrierung der Distanzin-

5.3. Prinzipbedingte Messfehler

d' [mm]	d [mm]	Δd [mm]
700	910,7	210,7
720	927,1	207,1
740	950,8	210,8
760	961,1	201,1
780	978,8	198,8
800	999,1	199,1
820	1016,1	196,1
840	1033,4	193,4
860	1055,4	195,4
880	1070,7	190,7

Tabelle 5.4: Messabweichung der Rohdaten Gegenüberstellung der realen Distanzen, der gemessenen Distanz und der daraus resultierenden Messabweichung

formation lässt sich diese Abweichung reduzieren.

Die reduzierte Abweichung ist allerdings nur ein Indiz für eine erzielte Verbesserung durch Anwendung des Verfahrens. Wie bereits erwähnt, kann zur weiteren Beurteilung der erzielten Verbesserung die Standardabweichung σ herangezogen werden. Diese ist definiert in Gleichung 5.3.2.

$$\sigma = \sqrt{\frac{1}{n-1} \sum_{i=1}^{n} (d_i - \overline{d})^2} \tag{5.3}$$

$\overline{d}$: Mittwert der gemessenen Distanzen
d_i : gemessene Distanz
n : Anzahl der Einzelmessungen

Anhand dieser beiden Indikatoren, dem arithmetischen Mittelwert und der Standardabweichung, lässt sich nun eine Aussage über die Güte der durchgeführten Kalibrierung tätigen. Im Idealfall wären die beide Werte Null.

In der folgenden Abbildung 5.12 sind die Messabweichung der Rohdaten und die kalibrierten Messdaten **grau** (*Rohdaten*) und **grau** (*kalibrierte Messdaten*) dargestellt. Der jeweilige resultierende, arithmetische Mittelwert ist schwarz gepunktet dargestellt. Die dazugehörigen σ-Grenzen sind grau unterlegt. Wird eine statistische Normalverteilung vorausgesetzt, liegen etwa 68 % der Messabweichungen in diesem Bereich.

In Tabelle 5.5 sind der arithmetische Mittelwert und die Standardabweichung der Rohdaten und der kalibrierten Messdaten gegenübergestellt. Es ist deutlich zu erkennen, dass der Mittelwert signifikant reduziert werden konnte und gegen Null tendiert. Ebenso konnte die Streuung der Messabweichung, ausgedrückt durch die Standardabweichung gesenkt werden.

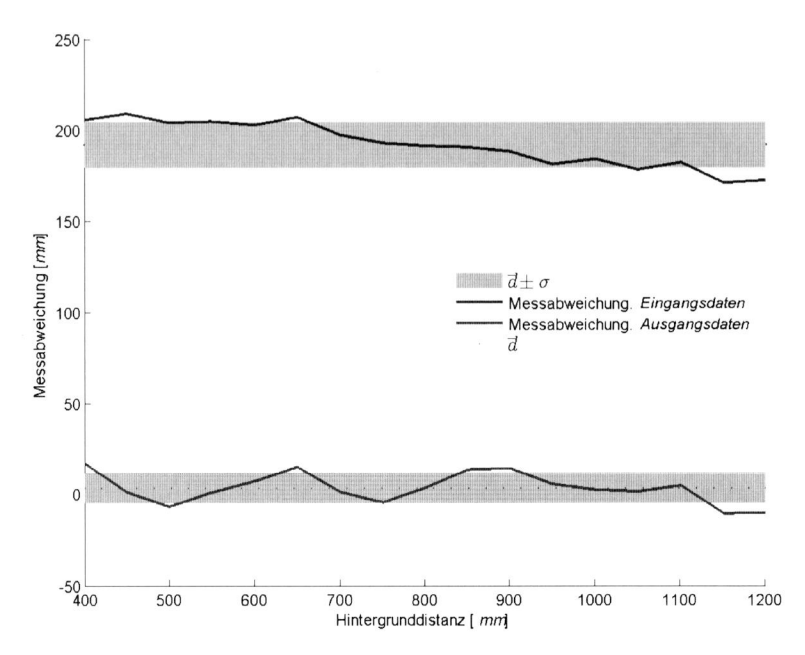

Abbildung 5.12: Grafische Auswertung der durch die Distanzkalibrierung verringerten Messabweichung (für einen Bildpunkt)

Die Anwendung der Distanzkalibrierung auf eine komplette Einzelmessung ist in Abbildung 5.13 veranschaulicht.

5.4 Streulichteffekte

In den beiden folgenden Unterabschnitten werden die Ergebnisse der Messungen zur optischen Streulichtunterdrückung und der algorithmischen Streulichtkompensierung diskutiert.

5.4.1 Optische Streulichtunterdrückung

Bereits in Abschnitt 4.3 wurden verschiedene Maßnahmen aufgezeigt, um den Einfluss bzw. die Begünstigung von Streulicht durch das optische Abbildungssystems signifikant zu verringern. In den folgenden Unterabschnitten werden die Ergebnisse dieser Maßnahmen analysiert.

Aufgrund der hohen Komplexität und dem hohen Integrationsgrad des verwendeten Messsystems konnte für diese Untersuchungen nicht das optische Abbildungssystem des **PMD[vision] O3** genutzt werden. Aus diesem Grund wurde die Optik eines Messsystems untersucht, dass ebenfalls auf dem Prinzip der indirekten Lichtlaufzeitmessung beruht,

5.4. Streulichteffekte

(a)

(b)

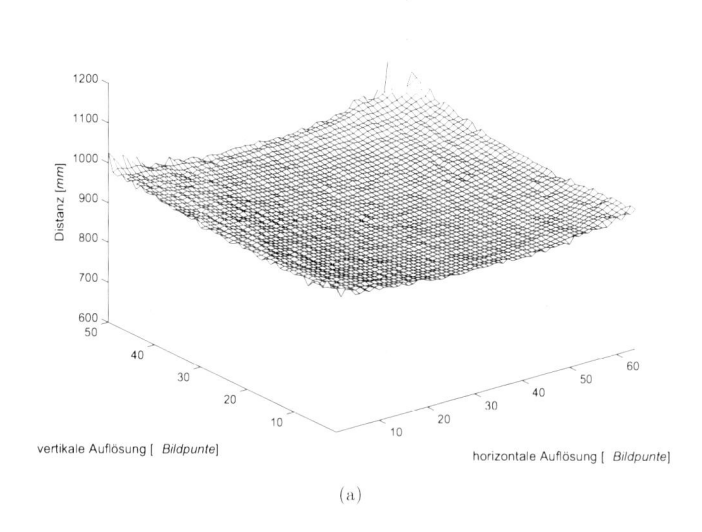

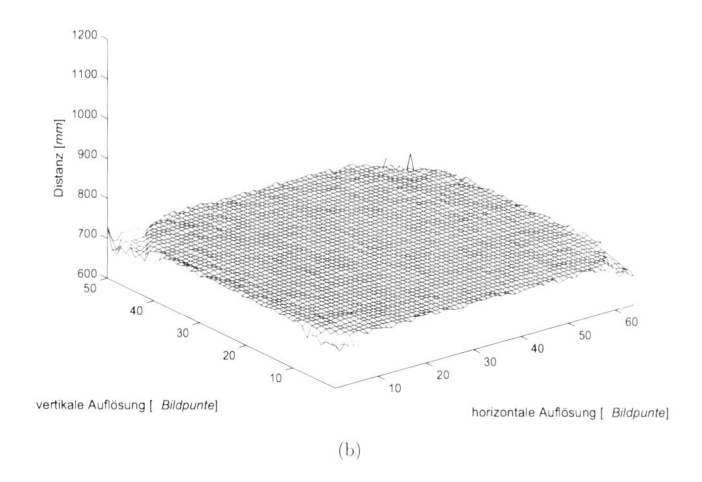

Abbildung 5.13: Anwendung der Distanzkalibrierung auf eine Einzelmessung: (a) *rohe* Distanzinformationen und (b) kalibrierte Distanzinformationen

Indikator	Distanzkalibrierung	
	vorher	nachher
$\bar{d}$	192	3.86
σ	12.39	8.47

Tabelle 5.5: **Gegenüberstellung der Indikatoren** für die Güte des angewendeten Kalibrierverfahrens

und welche sich ohne unverhältnismäßigen Aufwand entfernen ließ. Dieses ist notwendig, da für diese Analyse ein Bildsensor von höherer Auflösung verwendet werden muss, um die Details der betrachteten Szene in einer, für die Beurteilung der einzelnen Maßnahmen, ausreichenden Güte bzw. Qualität abzubilden.

Aufbau

Der Aufbau zur Analyse der einzelnen Maßnahmen zur Unterdrückung des Streulichts durch die Modifikation einzelner Komponenten des optischen Abbildungssystems wird von Pannhoff in [64] beschrieben und ist in Abbildung 5.14 dargestellt.

Zur Realisierung des, in Abbildung 5.14 gezeigten, Messaufbaus wurden unter anderem folgende Komponenten herangezogen:

- Test-Target *USAF 1951*
- Bildaufnehmer *F-View II* (1 Megapixel, gekühlt)
- Kaltlichtquelle 6V/20W
- Halogenbeleuchtung 12V/100W
- Prüflinghalterung mit eingesetztem Objektiv
- diverse Hubtische und Positioniersysteme

Target Zur Bewertung der Güte des optischen Abbildungssystems wird ein so genanntes *USAF 1951* Test-Target verwendet, welches mit der oben erwähnten Halogen-Beleuchtung einer entsprechenden Linse und zwei Streuscheiben homogen, hintergründig beleuchtet wurde. Zur Stabilisierung der Bestrahlungsstärke der Halogen-Beleuchtung wurde das dazugehörige Netzteil in der Strombegrenzung betrieben.

Halterung für Bildsensor Die Kamera *F-View II*, welche zur Abbildung des Test-Targets genutzt wird, wurde auf einem Hubtisch montiert, um eine exakte Ausrichtung der Kamera zum Test-Target zu ermöglichen. Die Ausrichtung von Kamera zu Target konnte mit Hilfe von Autokollimation auf einen Winkelfehler von weniger als $0,07°$ eingestellt werden.

Halterung für Prüfling Das zu beurteilende Objektiv wurde mit einer Klemm-Halterung fixiert. Die Ausrichtung erfolgte ebenfalls mit Autokollimation.

Halterung für Fremdlicht-Quelle Die Austrittsöffnung des Lichtleiters (von der Kaltlichtquelle) wurde so positioniert, dass die Frontlinse des zu beurteilenden Objektives bestrahlt wird. Der Winkel des Lichtleiters zur optischen Achse des Objektives wurde so gewählt, dass der Lichteintritt innerhalb der Eintrittsluke des Objektives erfolgt, ohne dass eine Übersteuerung des Bildaufnehmers *F-View II* das Ergebnis verfälscht.

5.4. Streulichteffekte

(a)

(b)

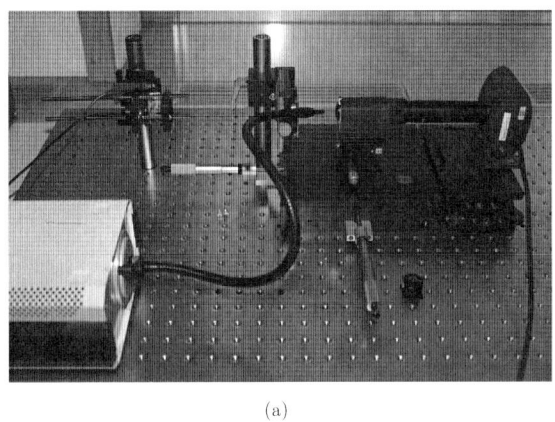

Abbildung 5.14: Messaufbau zur optischen Vermessung des Abbildungssystems

Vergleich der Objektive bei Durchlicht

Für die Untersuchung des Einflusses der Schwärzung der Linsenkanten werden zwei Objektive verwendet, wovon eines der Objektive, Objektiv A, im Originalzustand belassen wurde. Bei dem zweiten Objektiv, Objektiv B, wurden die Linsenkanten bzw. Linsenflächen mit Tafellack geschwärzt. Hierzu wurde schwarzer Schultafellack verwendet, der keine glanzgebenden Inhaltsstoffe beinhaltet. Für die Bearbeitung wurden die jeweiligen Linsenelemente fixiert und mit zwei Anstrichen mit einem zeitlichen Abstand von ca. einer Stunde versehen. Nach Lösen der Fixierung wurden die nun frei liegenden Flächen geschwärzt. Die Schwärzung erfolgte unter dem Stereo-Mikroskop.

Der Vergleich des Kontrastübertragungsverhaltens der beiden Objektive bei Durchlicht lässt keine Verbesserung oder Verschlechterung der Kontrastübertragung aufgrund der Schwärzung erkennen (vgl. Abbildung 5.15).

Vergleich der Objektive bei Durch- und Fremdlicht

Dieses Experiment ist analog zu dem Vorhergehenden aufgebaut; lediglich die Beleuchtung wird verändert: Zusätzlich zu dem, mit diffusem Durchlicht, durchleuchtetem Test-Target, wird nun zusätzlich Fremdlicht in die Szene bzw. das Objektiv injiziert.

In Abbildung 5.16 sind die Ergebnisse der beiden Objektive A und B dargestellt. Das injizierte Fremdlicht ist zwar in den entsprechenden Abbildungen deutlich zu erkennen, allerdings ist anhand der entsprechenden Kontrastübertragungsfunktionen kein positiver Effekt der Schwärzung der Linsenkanten erkennbar.

Steigerung der Performance durch gezielte Abschattung bzw. Reflexminderung

Eine weitere Maßnahme um den Grad des unterdrückten Streulichts zu erhöhen, ist die gezielte Abschattung bzw. die Reflexminderung innerhalb des optischen Abbildungssystems. Für die Untersuchung der möglichen Reflexminderung durch die Implementierung eines Schatters zwischen der Austrittsöffnung des Lichtleiters und des Prüflings.

Diese Modifikation des optischen Systems hat zur Folge, dass kein Reflex auf der unbeschichteten, asphärischen Fläche der Frontlinse mehr erkennbar ist, die restliche Fläche der Linse allerdings beleuchtet wird.

Ergebnis

Diese Untersuchung dient der Ermittlung des geänderten Streulichtverhaltens, welches durch das Aufbringen von Absorptionsschichten (*hier* Schultafellack) an optisch nichtaktiven Flächen des optischen Abbildungssystems hervorgerufen wird.

Zu diesem Zweck wurde ein Messaufbau realisiert, um das Kontrastübertragungsverhalten des optischen Abbildungssystems eines Messsystems, basierend auf dem Prinzip der kontinuierlichen Lichtlaufzeitmessung, zu erfassen und zu analysieren. Dieser Messaufbau trägt auch dem Umstand Rechnung, dass Objekte, die sich in unmittelbarer Nähe zum Objektiv in dessen Strahlengang befinden, Streulicht verursachen.

5.4. Streulichteffekte
119

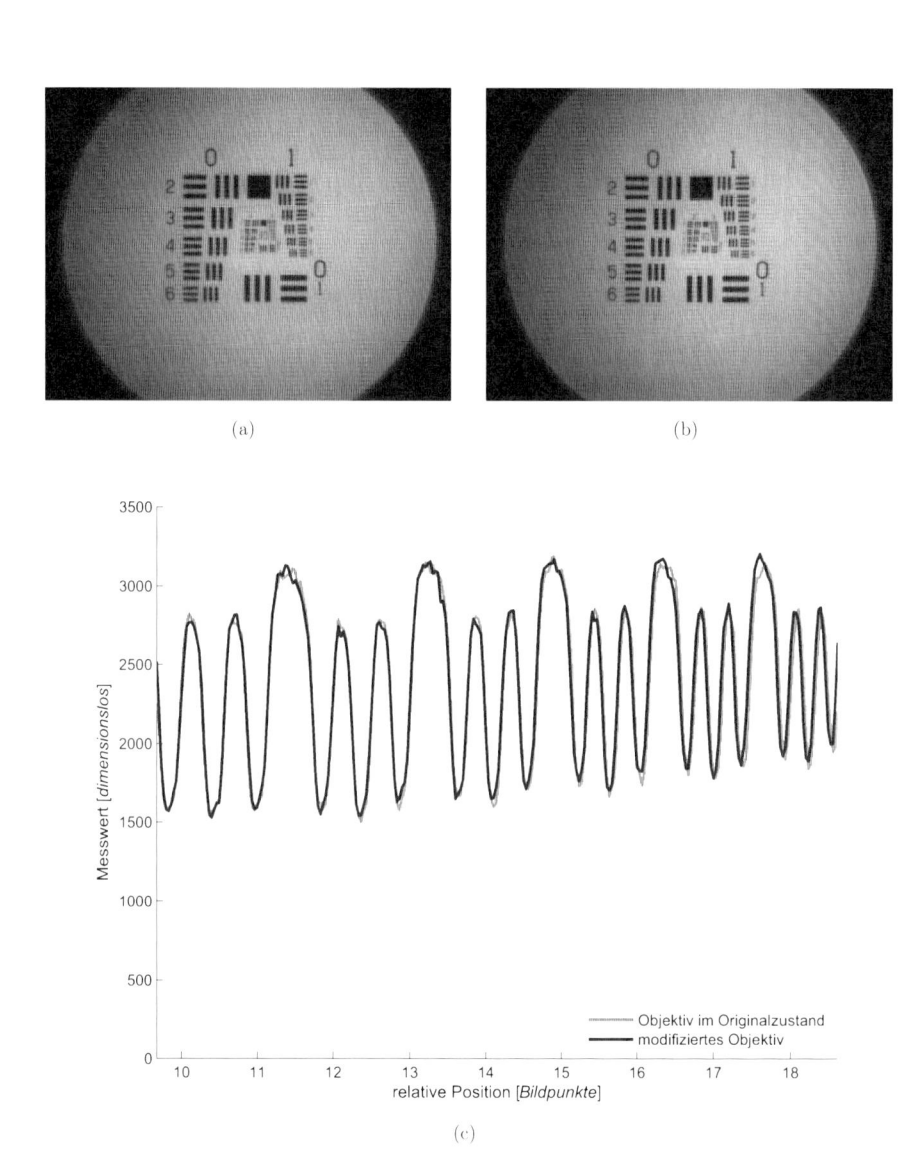

(a)

(b)

(c)

Abbildung 5.15: Vergleich der Kontrastübertragungsverhalten bei Durchlicht (a) Abbildung mit Objektiv A, (b) Abbildung mit Objektiv B und eine grafische Gegenüberstellung (c) der Kontrastübertragungsfunktionen der ersten Gruppe (horizontal)

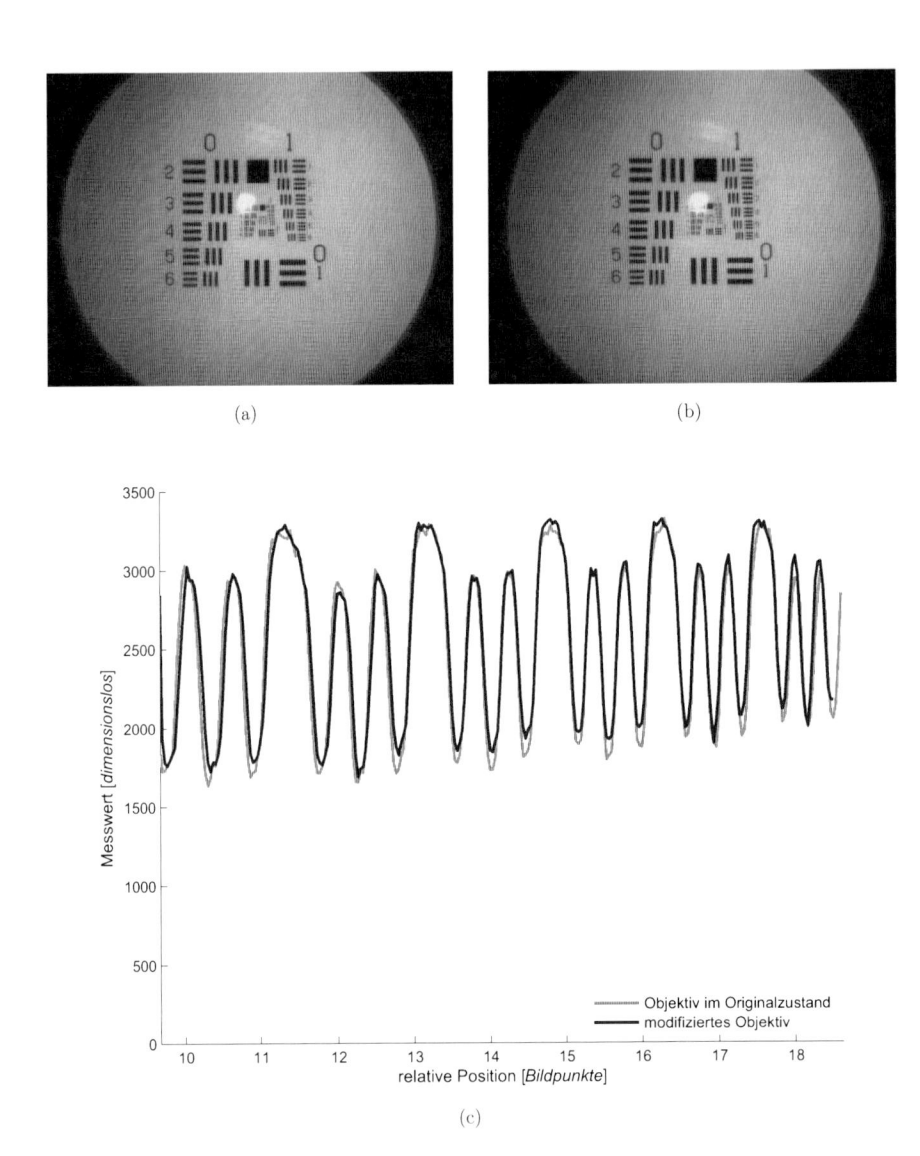

Abbildung 5.16: Vergleich der Kontrastübertragungsverhalten bei Durch- und Fremdlicht (a) Abbildung mit Objektiv A, (b) Abbildung mit Objektiv B und eine grafische Gegenüberstellung (c) der Kontrastübertragungsfunktionen der ersten Gruppe (horizontal)

5.4. Streulichteffekte

(a)

(b)

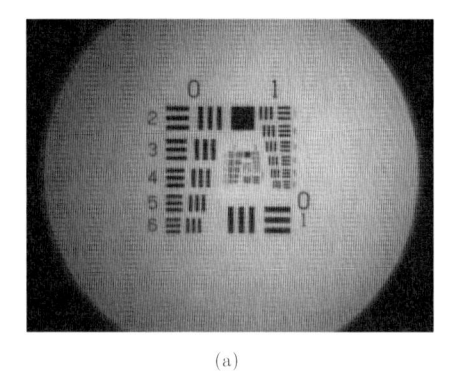

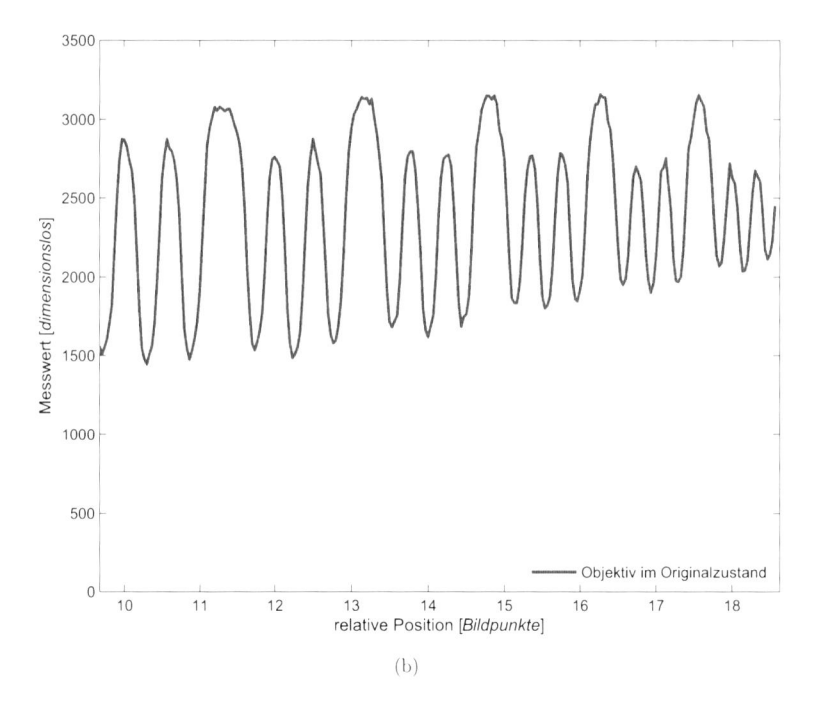

Abbildung 5.17: Steigerung der Performance durch durch gezielte Abschattung bzw. Reflexminderung (a) Abbildung mit Objektiv A und eine grafische Darstellung (b) der Kontrastübertragungsfunktionen der ersten Gruppe (horizontal)

Für die Analyse standen zwei identische Objektive zur Verfügung, von denen das Objektiv A im Auslieferungszustand belassen wurde und das Objektiv B, bei dem die kritischen Flächen geschwärzt wurden.

Durch die Schwärzung der optisch nichtaktiven Flächen des optischen Abbildungssystems konnten allerdings keine signifikanten Verbesserungen des Kontrastübertragungsverhaltens erzielt werden. Die Auswirkungen des Streulichts konnten jedoch mit dem realisierten Messaufbau nachgestellt werden und durch gezielte Abschattung reduziert werden.

5.4.2 Algorithmische Streulichtkompensierung

In diesem Unterabschnitt erfolgt die Validierung der algorithmischen Streulichtkompensierung. Zu diesem Zweck wird die Streulichtkompensierung in zwei unterschiedlichen Szenarien erprobt:

1. Anwendung der Kompensierung auf konstruierten Szenen (Grunddaten) und
2. Anwendung der Kompensierung auf unbekannte Szenen.

Bei der Anwendung der algorithmischen Streulichtkompensierung auf die Grunddaten, steht der Vergleich der erzielten Messdaten mit den Rohdaten bzw. Messdaten, die lediglich der Distanz-Kalibrierung unterzogen wurden, im Vordergrund.

Im Gegensatz dazu liegt bei der Anwendung auf unbekannte Szenen das Augenmerk auf der hohen Varianz an Szenen-Elementen mit unterschiedlichen Reflektivitäten. Hierfür werden reale Aufnahmen aus möglichen Anwendungsgebieten des Messsystems herangezogen.

Anwendung der Kompensierung auf konstruierten Szenen

Der Algorithmus zur Streulichtkompensierung, vorgestellt in Abschnitt 4.4, wird auf die Grunddaten angewendet, um die erzielten Verbesserungen messbar zu machen.

Dafür werden die erzielten Ergebnisse mit den Rohdaten und den Messdaten verglichen, auf die nur die Distanz-Kalibrierung angewendet wurde. Die algorithmische Streulichtkompensierung ist dabei, wie in Abbildung 4.22 dargestellt, als Vorstufe der sich anschließenden Distanz-Kalibrierung zu sehen.

In den folgenden Abbildungen sind die Ergebnisse dieser einzelnen Stufen dargestellt. Die hier visualisierten Messdaten gehören zu der Messung einer Szene mit folgenden Eigenschaften:

Eigenschaften	Formelzeichen	Wert	Dimension
Hintergrunddistanz	d_H	800	[mm]
Reflektivität des Hintergrunds	ρ_H	grau	
Objektdistanz	d_O	400	[mm]
Reflektivität des Objekts	ρ_H	weiß	

Tabelle 5.6: **Eigenschaften der betrachteten Szene** zur Verifikation der algorithmischen Streulichtkompensierung

Die gemessen Distanzinformationen d einer gestellten Szene, ebener Hintergrund mit einem streulichtverursachenden quaderförmigen Objekt, sind in Abbildung 5.18 gegeben. Darin ist deutlich zu erkennen, dass signifikante Abweichungen zwischen den gemessenen und den realen Distanzen auftreten. Dieses gilt sowohl für die Distanzen des Hintergrund d_H, als auch für die des Objekts d_O.

Diese Messabweichungen sind auf das Streulicht, die fehlerbehaftete Abtastung der Messsignale und die, durch das Abbildungssystem verursachte, Krümmung zurückzuführen.

Für den Bildpunkt $d_{O_{24,32}}$, welcher Element des Objekts ist, beträgt diese gemessene Distanz 533.11 mm, für Bildpunkt $d_{H_{24,8}}$, der dem Hintergrund zuzuschreiben ist, beträgt

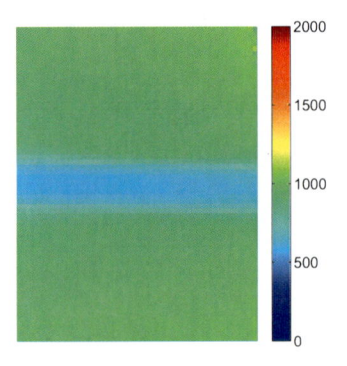

Abbildung 5.18: Rohdaten, aufgenommen mit einem PMD[vision] O3

diese Distanz 967.42 mm.

Auf die unkorrigierten Messdaten wird zunächst der, in Abschnitt 4.4 entworfene Algorithmus zur Streulichtkompensierung angewendet. Das Ergebnis dieser ersten Stufe der Korrektur ist in Abbildung 5.19 veranschaulicht.

Der Algorithmus zur Streulichtkompensierung korrigiert, wie bereits in Kapitel 4 in Abbildung 4.23 gezeigt, die Messdaten auf die Werte, die bei nicht vorhandenem Streulicht als Eingangsgröße für die sich anschließende Distanzkalibrierung dienen würden.

Nach Anwendung, des in Abschnitt 4.4 entworfenen Algorithms reduziert sich die Messabweichung für $d'''_{O_{24,32}}$ auf 462.22 mm und $d'''_{H_{24,8}}$ auf 811.25 mm.

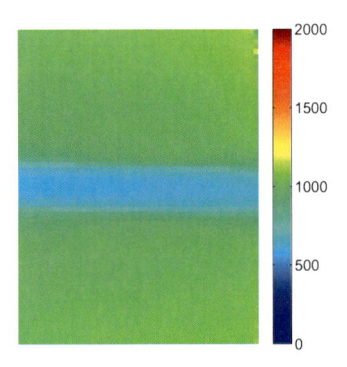

Abbildung 5.19: Algorithmische Streulichtkompensierung - Zwischenschritt Anwendung der algorithmischen Streulichtkompensierung auf die *rohen* Distanzinformationen

Wie in dem vorherigen Absatz angedeutet, schließt sich an die, im Rahmen dieser Dissertation entworfene, algorithmische Streulichtkompensierung das bekannte Verfahren der Distanzkalibrierung an, um die verbleibende Messabweichung zu kompensieren.

5.4. Streulichteffekte

Dieses Verfahren wurde bereits in Abschnitt 3.3.2 vorgestellt. Mit Hilfe dieser Methode zur Korrektur bzw. Kalibrierung der Distanzinformation können die Messabweichungen, verursacht durch die fehlerbehaftete Abtastung der Messsignale, korrigiert werden.
In Abbildung 5.20 sind die resultierenden Messdaten veranschaulicht.

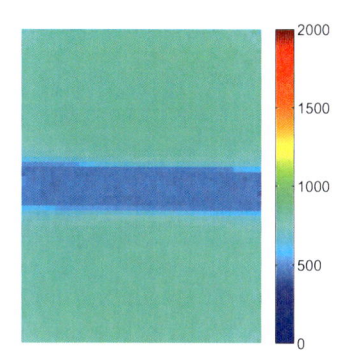

Abbildung 5.20: Algorithmische Streulichtkompensierung - Distanzkalibrierung Anwendung der Distanzkalibrierung auf die streulichtkompensierten Distanzinformationen

Mit der hier beschriebenen algorithmischen Streulichtkompensierung lassen sich die Messabweichungen des Hintergrunds und des streulichtverursachenden Objekts maßgeblich reduzieren. Nach Anwendung dieser zweiten Korrektur-Stufe, der Distanzkalibrierung beträgt die Messabweichung für $d''_{O_{24,8}}$ lediglich noch 62.22 mm und für $d''_{H_{24,32}}$ noch 11.25 mm.

Diese Ergebnisse erzielt mit der algorithmischen Streulichtkompensierung, präsentiert in den vorhergehenden Absätzen, werden mit dem einzig bekannten Korrekturverfahren, der alleinigen Distanzkalibrierung, verglichen. Durch den Vergleich der Ergebnisse dieser beiden Methoden sollen die, durch die zusätzliche Streulichtkompensierung erzielten, Verbesserungen qualitativ messbar gemacht werden.

Die (Distanz-) Kalibrierung wurde zu diesem Zweck auf die gleiche Szene (vgl. Tabelle 5.6) angewendet, wie vorher die algorithmische Streulichtkompensierung. In Abbildung 5.21 ist das Resultat dieser Kalibrierung dargestellt.

Durch die Anwendung der alleinigen Distanzkalibrierung konnten die gemessenen Distanzen von Hintergrund und Objekt korrigiert werden. Nach der Korrektur ergibt sich für den Bildpunkt $d_{O_{24,32}}$ des Objekts eine Distanz von 465.12 mm und für $d_{H_{24,8}}$ des Hintergrunds von 752.58 mm

In Abbildung 5.22 ist die erzielte Steigerung der Qualität der Messdaten, durch die eingefügte Methode zur algorithmischen Streulichtkompensierung im Vergleich zur alleinigen Distanzkalibrierung dargestellt. Während in der linken Spalte die Ergebnisse der jeweiligen Methode in Falschfarben darstellt sind, ist in der rechten Spalte die absolute Messabweichung für jeden Bildpunkt des Messsystems zur tatsächlichen Distanz aufge-

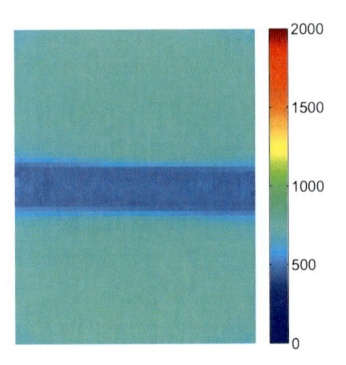

Abbildung 5.21: Distanzkalibrierung der *rohen* Distanzinformationen (ohne vorhergehende Streulichtkompensierung)

tragen (dargestellt ebenfalls in Falschfarben).

Die absoluten Messabweichungen, visualisiert in der rechten Spalte der Abbildung 5.22, zeigen deutlich, dass durch die Anwendung der algorithmischen Streulichtkompensierung eine signifikante Reduzierung der Messabweichung erreicht werden konnte.

Für die beiden, in den vorherigen Absätzen betrachteten, Bildpunkte ergeben sich die in Tabelle 5.7.

		Distanzkalibrierung		Streulichtkompensierung	
		$d_{H_{24,8}}$	$d_{O_{24,32}}$	$d''_{H_{24,8}}$	$d''_{O_{24,32}}$
vorher	[mm]	967.42	533.11	967.42	533.11
nachher	[mm]	752.58	465.12	811.25	462.22

Tabelle 5.7: Vergleich der beiden Korrekturverfahren

Bewertung der Streulichtkompensierung Der direkte Vergleich dieser beiden Korrekturverfahren, der algorithmischen Streulichtkompensierung und der alleinigen Distanzkrümmung, für eine Szene, wie in dem vorhergehenden Abschnitt exemplarisch präsentiert, gibt eine Tendenz, erlaubt aber keine Rückschlüsse auf die Allgemeingültigkeit dieses Verfahrens.

Aus diesem Grund wurde eine Gegenüberstellung von allen möglichen Szenen durchgeführt, die sich aus den Grunddaten (vgl. Absatz 4.2.3) generieren lassen. Für jede dieser Szene wurden für die beiden Bildpunkte, die auch schon in dem vorhergehenden Abschnitt verwendet wurden, die Messabweichungen für die beiden Korrekturverfahren ermittelt.

Diese einzelnen Messabweichungen wurden unterteilt nach Verfahren, *algorithmische Streulichtkompensierung* oder *alleinige Distanzkalibrierung*, und Zugehörigkeit, *Objekt*

5.4. Streulichteffekte

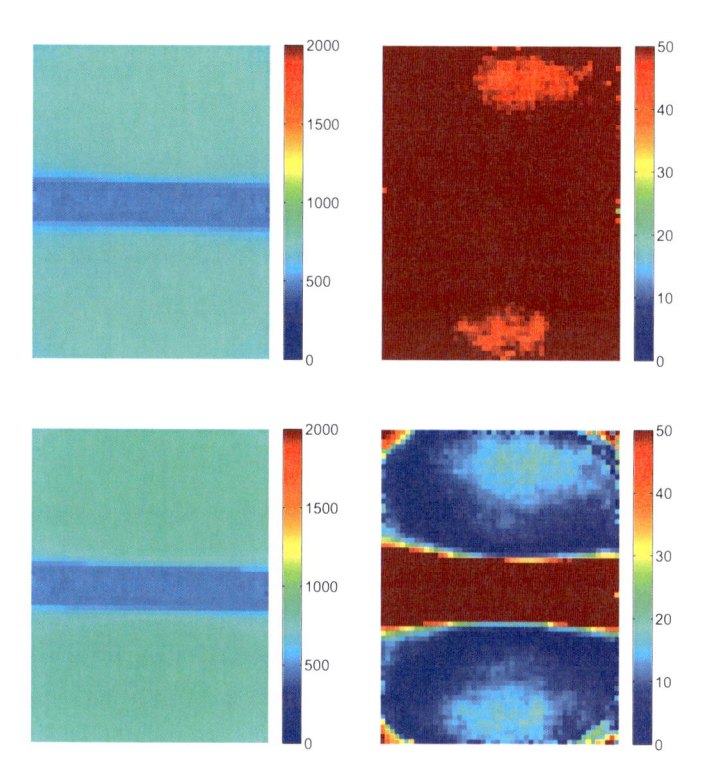

Abbildung 5.22: Vorher-Nachher-Vergleich der Messdaten Die beiden *oberen* Abbildungen zeigen das Ergebnis der alleinigen Distanzkalibrierung (*links*) und Darstellung der Messabweichung zur Referenzdistanz in Falschfarben (*rechts*). Die *unteren* Abbildungen zeigen die Ergebnisse unter Berücksichtigung der algorithmischen Streulichtkompensierung.

oder *Hintergrund*, markiert ( ) und in Form von so genannten **Error Bars** dargestellt. Diese Diagramme, präsentiert in Abbildung 5.23, geben neben der minimalen und der maximalen Messabweichung auch den jeweiligen Median[1] an.

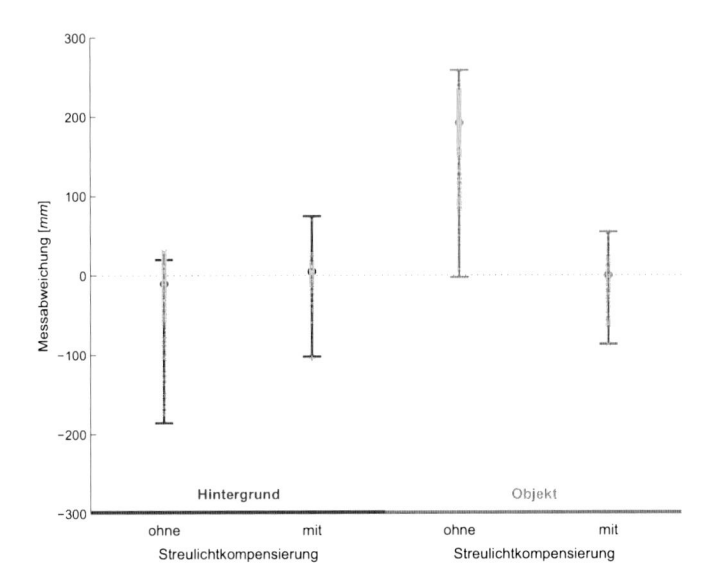

Abbildung 5.23: Bewertung des Streulichtkompensierung Darstellung der jeweiligen Messabweichung der algorithmischen Streulichtkompensierung und der alleinigen Distanzkalibrierung in Form von so genannten *Error Bars* für Objekt und Hintergrund

Die Datenbasis dieses Diagramms, gegeben in Abbildung 5.23, ist zahlenmäßig begleitend in Tabelle 5.8 gezeigt.

Der grafische Vergleich, gegeben in Abbildung 5.23, und dessen Datenbasis (vgl. Tabelle 5.8), zeigt deutlich, dass mit der algorithmischen Streulichtkompensierung bessere Ergebnisse erzielt werden. Dieses drückt sich zum Einen in der Streuung der Messabweichung und zum Anderen in dem Delta von Minimum und Maximum aus.

Anwendung der Kompensierung auf unbekannte Szenen

Während die bisherige Anwendung der entworfenen Methode zur algorithmischen Streulichtkompensierung lediglich auf die Grunddaten (konstruierte Szenen) eingeschränkt war, erfolgt im Folgenden die Anwendung auf unbekannte reale Szenen. Zu diesem Zweck wurde ein Ladungsträger (Europa-Palette) mit Frachtgut im Sichtfeld des Messsystems platziert. In Abbildung 5.24 ist diese Szene dargestellt.

---

[1] Der Median halbiert eine Verteilung. Gegenüber dem arithmetischen Mittelwert hat der Median den Vorteil, robuster gegenüber Ausreißern (extrem abweichenden Werten) zu sein.

5.4. Streulichteffekte

		Hintergrund		Objekt	
		d_H	d_H'''	d_O	d_O'''
Minimum	[mm]	−175.51	−106.96	7.55	−86.85
Maximum	[mm]	30.42	69.97	259.62	54.65
Mittelwert	[mm]	−22.06	3.41	185.04	−3.30
Median	[mm]	−10.43	4.90	191.96	0.00
σ	[mm]	42.34	13.57	36.53	16.58

Tabelle 5.8: **Gegenüberstellung der Korrekturverfahren** anhand der verbeibenden Messabweichung

Die eigentliche Messaufgabe besteht in der exakten Bestimmung der Lage des Ladungsträgers. Diese beinhaltet

- den Abstand zum Ladungsträger in z-Richtung,
- eventuelle Verschiebungen des Ladungsträgers in x- und y-Richtung bezogen auf einen Bezugspunkt (optische Achse),
- eine eventuelle Verdrehung um die y-Achse und
- eine möglich Neigung des Ladungsträgers entlang der x-Achse.

Zunächst wird gezeigt, dass eine Kalibrierung der Distanz bei nicht vorhandenem Streulicht funktioniert. In dem darauf folgenden Schritt wird die Anwendung der algorithmischen Streulichtkompensierung auf die gleiche Szene nur mit vorhandenem Streulicht beschrieben.

Der tatsächliche Abstand von dem Messsystem zum Ladungsträger beträgt dabei 1040 mm.

Distanzkalibrierung Die Anwendung der Distanzkalibrierung nach Lindner, Kolb und Schiller in [50][35][78], deren Funktionsweise im Detail in Abschnitt 3.3.2 erläutert und deren Anwendung auf die Grunddaten (generierten Szenen) in Abschnitt 5.3.2 aufgezeigt wird, auf die reale Szene ist in Abbildung 5.25 veranschaulicht.

Die beiden oberen Grafiken von Abbildung 5.25 zeigen die aufgenommenen Messdaten vor (*links*) und nach (*rechts*) der Anwendung der Distanzkalibrierung. In dem Diagramm, das sich darunter befindet, ist jeweils eine Zeile dieser Messdaten gegenübergestellt.

Neben der Reduzierung der Krümmung der Distanzinformationen, verursacht durch das optische Abbildungssystem (vgl. **grauer** Graph in Abbildung 5.26 *unten*), erfolgt eine Korrektur der gemessenen Distanz (**schwarzer** Graph), gemäß dem in Abschnitt 3.3.2 beschriebenen Verfahren.

Algorithmische Streulichtkompensierung Wird die Aufnahme hingegen durch Streulicht von einem Objekt verfälscht, dass sich in unmittelbarer Nähe im Strahlengang des Sensors befindet, dann ist eine Korrektur der Messdaten nach der in Abschnitt 4.4 vorgestellten Methode der algorithmischen Streulichtkompensierung notwendig.

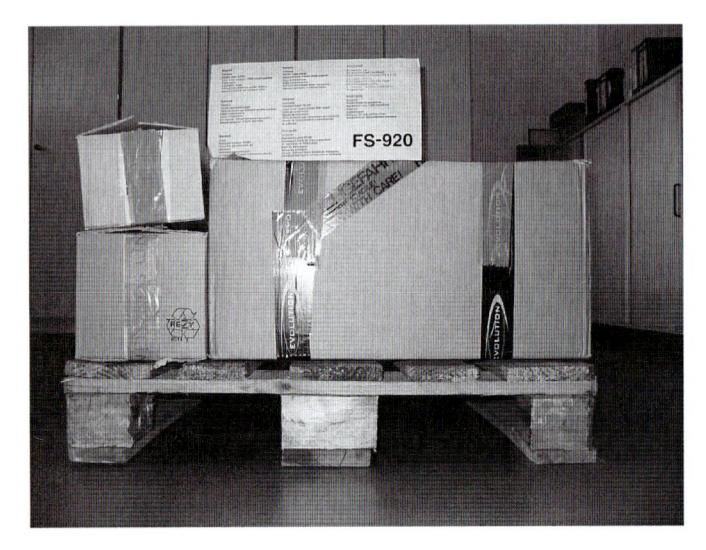

Abbildung 5.24: Die **Messaufgabe** besteht in der Bestimmung der Lage eines Ladungsträgers, der sich einen Meter vom Messsystem entfernt befindet. Die Aufnahme wurde mit einem herkömmlichen Bildsensor getätigt.

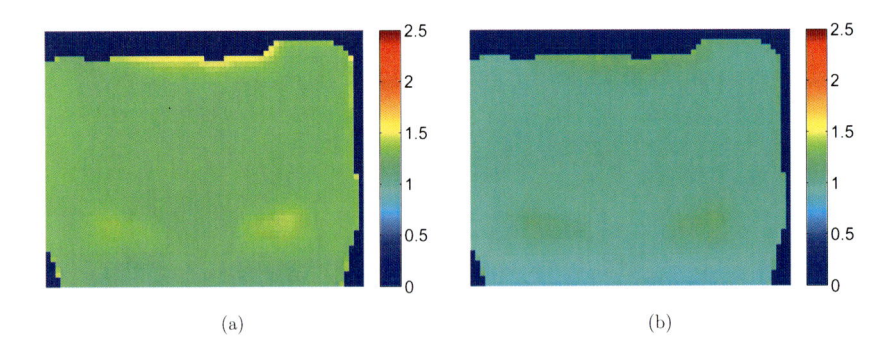

Abbildung 5.25: Anwendung der Distanzkalibrierung auf die, in Abbildung 4.3 beschriebene Messaufgabe. Abbildung (a) zeigt die *rohen* Distanzinformationen, (b) die dazugehörige Korrektur.

5.5. Zusammenfassung

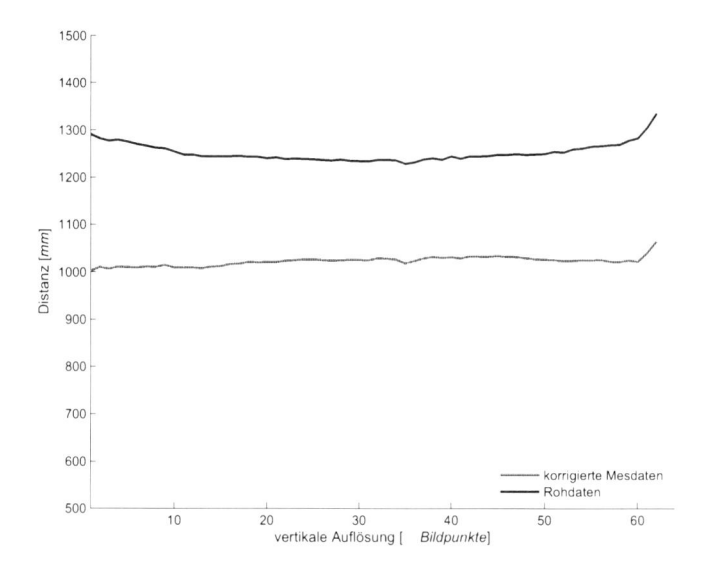

Abbildung 5.26: Vergleich der **Anwendung der Distanzkalibrierung** und der *rohen* Distanzinformationen anhand einer extrahierte Zeile.

In Abbildung 5.28 sind die, durch das Streulicht korrumpierten, Messdaten und die korrigierten Messdaten gegenübergestellt.

Auf der einen Seite verdeutlicht diese Gegenüberstellung den Einfluss des Streulichts - Vergleich mit Abbildung 5.25 - und auf der anderen Seite, zeigt diese, dass sich der Einfluss des Streulichts auf ein Mindestmaß reduzieren lässt.

Eine reine Distanzkalibrierung, wie in dem Absatz zur Korrektur verwendet wurde, reicht beim Vorhandensein von Streulicht in der Szene nicht aus. Dieses wurde bereits in Abschnitt 5.4.2 nachgewiesen.

Nachdem die korrekten Distanzinformationen ermittelt wurden, können mit Hilfe dieser auch die Amplitudeninformationen korrigiert werden. Die Korrektur basiert auf der, in Abschnitt 3.3.3 aufgezeigten, Vorgehensweise.

Ein Vorher-Nachher-Vergleich der Amplitudeninformationen ist in Abbildung 5.28 gegeben.

5.5 Zusammenfassung

Die bekannten Ansätze zur Korrektur der Distanzinformationen, die von einem Messsystem, das auf dem Prinzip der kontinuierlichen Modulationsinterferometrie oder auch indirekten Lichtlaufzeitmessung, aufgenommen wurden praktisch mit einem Messsystem **PMD[vision] O3** validiert. Diese bekannten Ansätze korrigieren einen Messfehler, der durch eine Abtastung des Messsignals mit wenigen Abtastpunkten entsteht.

Darüber hinaus wurden anhand von verschiedenen Experimenten, die detailliert in Kapitel 3 beschrieben wurden, wurden weitere Rückschlüsse über das vorhandene Mess-

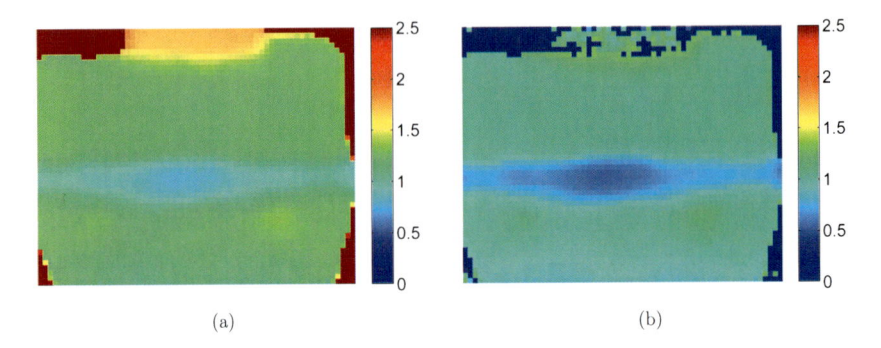

Abbildung 5.27: Ist die Szene durch Streulicht verfälscht, ist zusätzlich die **Anwendung der Streulichtkompensierung** notwendig (b). Erfolgt diese nicht, liefert die *alleinige* Distanzkalibrierung keine vernünftigen Ergebnisse (a).

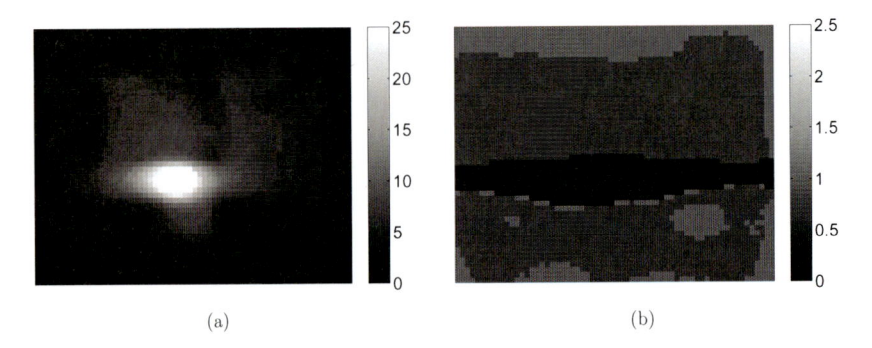

Abbildung 5.28: Nachdem die korrekten Distanzinformationen ermittelt wurden, ist mit deren Hilfe nun auch eine **Korrektur der Amplitudeninformationen** möglich. Abbildung (a) zeigt die unkorrigierten Amplitudeninformationen, während in Abbildung (b) die korrigierten Amplitudeninformationen gezeigt sind.

5.5. Zusammenfassung

system selbst, wie beispielsweise durch eine integrierte Kompensation einer steigenden Umgebungstemperatur oder dem Verhalten des Messsystems bei Blendung, gezogen.

Im Zuge dieser Experimente wurde ein weiterer Effekt festgestellt: Streulicht, welches durch Objekte verursacht wird, die sich in geringem Abstand zum Messsystem in dessen Strahlengang befinden, korrumpiert die gemessenen Distanzinformationen in der Art, dass eine Korrektur mit den bekannten Verfahren nicht möglich ist.

In dem vorhergehenden Kapitel wurden bereits anhand der verschiedenen Szenarien die Faktoren ermittelt, die einen direkten Einfluss auf den Betrag des Streulichts haben. Anhand dieser Faktoren wurde ein Algorithmus entwickelt, um den Anteil des Streulichts an der gemessenen Distanzinformation zu kompensieren.

Dies erfolgte anhand einer Gegenüberstellung der Ergebnisse der, im Rahmen dieses Vorhabens, entworfenen algorithmischen Streulichtkompensierung und der bekannten alleinigen Distanzkalibrierung. Dieses wurde anhand einer Szene exemplarisch mit allen Zwischenschritten dargestellt und für all die Szenen durchgeführt, die sich aus den Grunddaten generieren lassen. Hierbei konnte nachgewiesen werden, dass die entworfene algorithmische Streulichtkompensierung im Vergleich zur alleinigen Distanzkalibrierung um eine bis zu 70 %ige Verminderung der Messabweichung (ermittelt anhand der Standardabweichung) zur Folge hat. Dieses drückt sich u.a. in einer reduzierten Streuung der Messabweichungen aus.

Da für die Gegenüberstellung vereinfachte, konstruierte Szenen verwendet wurden, ist ein Nachweis der Allgemeingültigkeit des entworfenen Algorithmus zur Streulichtkompensierung erforderlich. Dieser Nachweis wurde mittels einer realen Messaufgabe bzw. Szene erbracht. Die verbleibende Messabweichung konnte auf diese Art und Weise auf ein Mindestmaß reduziert werden.

Kapitel 6

Zusammenfassung

Messsysteme zur Erfassung der dritten Dimension, basierend auf dem Prinzip der kontinuierlichen Modulationsinterferometrie (oft auch als phasenbasierte oder indirekte Lichtlaufzeitmessung bezeichnet), sind im Begriff die Labore der Entwicklungsabteilungen zu verlassen und den Sprung zu serienreifen Applikationen bzw. Produkten zu schaffen.

Allerdings birgt diese Technologie aufgrund des zugrunde liegenden Messprinzips eine Anfälligkeit gegenüber zahlreichen Einflussfaktoren. Diese Anfälligkeiten resultieren häufig in Messabweichungen bzw. Messfehlern, die die gemessenen Distanzinformationen ungültig und damit auch unbrauchbar machen.

Eine bekannte, von vielen jedoch vernachlässigte Ursache, für Messabweichungen bei diesem Messprinzip ist der so genannte *Aliasing Error* oder auch *Wiggling Error*. Dieser Messfehler, welcher aus der Abtastung der Korrelationsfunktion mit wenigen Abtastpunkten resultiert, lässt sich durch ein entsprechendes Kalibrierverfahren korregieren. Derartige Verfahren werden u.a. von Kolb und Linder in [35][50] oder Schiller in [78] präsentiert. Diesen Verfahren ist indes gemein, dass Sie für Messsysteme mit Auflösungen größer 19k Bildpunkten gültig sind, da sie aufgrund einer vorausgehenden lateralen Kalibrierung (*hier* Linsenkorrektur) mit einem einzigen Spline zur Distanzkalibrierung auskommen. Bedingt durch die niedrigere Auflösung des verwendeten Messsystems, dem **PMD[vision] O3**, kann auf diese Art und Weise keine Linsenkorrektur durchgeführt werden. Daher wird ein alternatives Verfahren präsentiert, bei dem ein Spline für jeden einzelnen Bildpunkt berechnet wird.

Darüber hinaus sind Messsysteme, die auf diesem Messprinzip beruhen, sehr anfällig gegenüber Streulicht. Diese Analyse dieser Anfälligkeit und der Entwurf einer Methode zur Kompensierung ist Gegenstand dieser Arbeit. Das Streulicht kann mehrere Ursachen haben, die beiden Wesentlichsten sind:

- Objekte in geringem Abstand oder mit signifikant hoher Reflektivität im Strahlengang des optischen Systems und
- szenenbedingte Mehrfach-Reflektionen.

Zunächst wurde ein mathematisches Modell aufgestellt, mit dem sich die Auswirkungen des Streulichts auf die gemessenen Distanzinformationen erklären lassen. Dieses Modell wurde anhand eines praktischen Versuchs validiert.

Aufgrund der Tatsache, dass sich die Informationen, die für die Kompensierung des Streulichtanteils benötigt werden, nicht aus den Messdaten ableiten lassen, musste eine generische Methode zur Korrektur bzw. Kompensierung entworfen werden.

Hierzu wurden anfänglich die verschiedensten Einflussfaktoren, wie die gemessene Distanz und die Reflektivität des streulichtverursachenden Objekts, hinsichtlich ihres Einflusses auf die gemessenen Distanzen untersucht. Dabei wurden das streulichtverursachende Objekt und die verbleibende Fläche der Bildebene getrennt voneinander betrachtet.

Anhand dieser Informationen wurde eine Methode zur Kompensation entworfen, welche zur Laufzeit eine Kompensation des Streulichts ermöglicht. Die entworfene Methode wurde sowohl auf einfache, im Labor generierte Szenen als auch auf realen Messaufgaben bzw. Szenen angewendet. Die Ergebnisse wurden mit denen der etablierten Methode zur Distanzkorrektur, der alleinigen Distanzkalibrierung, in Bezug gesetzt, um die erzielten Verbesserungen messbar zu machen. Diese lag bei ungefähr 70 % (festgemacht anhand der Standardabweichung).

Im Gegensatz dazu lässt sich für die zweite Ursache, aufgezeigt in Abschnitt 4.2.3, der Grad der Streulicht-Kontamination zwar mit einer Simulation ermitteln, eine Korrektur wäre dann allerdings nur für die simulierten, statischen Szenen möglich.

6.1 Ausblick

Die Methode zur Kompensierung des Streulichtanteils bei dem Messprinzip der kontinuierlichen Modulationsinterferometrie wurde dahingehend ausgelegt, dass nach einmaliger Kalibrierung, die Informationen (*Distanz* und *Reflektivität*), die aus einer Aufnahme der Szene extrahiert werden können, für den Vorgang der Kompensierung ausreichen.

Die Algorithmen, mit denen die entworfene Methode zur Kompensierung realisiert wurden, wurden zum Nachweis der Verifikation bzw. Validierung in MATLAB/Simulink programmiert. Aufgrund des Aufbaus dieser numerischen, matrix-basierten Entwicklungsumgebung erlaubt diese, die Entwicklung von Algorithmen und bietet eine Vielzahl von Möglichkeiten der Visualisierung. Dieser Funktionsvielfalt ist allerdings einer langsamen Abarbeitung der Algorithmen geschuldet. Für die spätere Verwendung des Algorithmus zur Laufzeit, ist dessen Abarbeitungszeit in einer Hochsprache wie *C/C++* von gesteigertem Interesse. Aus diesem Grund ist die Bestimmung der Laufzeit des Algorithmus, auch für eine damit einhergehende Optimierung des Quelltextes, ein Nahziel.

Daneben ist die Adaption des Algorithmus, der derzeit für das Messsystem **PMD-[vision] O3** an andere Messsysteme, die ebenfalls diesem Messprinzip unterliegen, von gesteigerter Priorität. Obwohl auch für diese Messsysteme die gleichen physikalischen und theoretischen Grundlagen, wie für das verwendete System gelten, kann das Verhalten aufgrund der Hersteller-seitigen Algorithmen zur Distanzbestimmung und Vorverarbeitung abweichen.

Von niederer Priorität ist die Automatisierung des Messaufbaus zur Aufnahme der Messdaten, die für die Bestimmung der Messabweichung, die durch das Streulicht verursacht wird, und damit für die Anwendung der entworfenen Methode zur Kompensierung verwendet wird.

Anhang A

Verwandte Messsysteme

A.1 Motivation

Bei dem verwendeten Messsystem, dem **PMD[vision] O3** der *PMDTechnologies GmbH*, handelt es sich um das erste Messsystem dieser Art, welches kommerziell am Markt für den Serieneinsatz verfügbar war. Dieses ist wohl auch dem Umstand zu verdanken, dass die *PMDTechnologies GmbH* eine 51%ige Tochter der *ifm electronic gmbh*, einem der Marktführer für industrielle Sensorik.

Zu diesem Zeitpunkt waren von den Messsystemen der Mitbewerber lediglich Demonstratoren, die nicht für den Einsatz im rauen industriellen Umfeld geeignet waren, verfügbar. Hierzu zählen unter anderem der **MLI 3D Sensor** von *IEE S.A.* und der **SwissRanger SR4000** von der *Mesa Imaging AG*. Inzwischen haben auch diese Geräte die Marktreife erzielt und sind in größeren Stückzahlen verfügbar. Den (Wissens-)Vorsprung, den die *PMDTechnologies GmbH* durch die frühe Markteinführung des **PMD[vision] O3** gewonnen hat, wurde zeitnah in einem Nachfolger, dem **PMD[vision] S3**, umgesetzt.

In Abbildung A.1 sind diese Messsysteme dargestellt.

In den folgenden Abschnitten und Unterabschnitten wird auf diese Messsysteme im Detail eingegangen.

A.2 Überblick über verfügbare 3D-ToF-Messsysteme

A.2.1 MLI 3D Sensor

Der **MLI 3D Sensor** ist ein Messsystem, dass von dem Luxemburger Hersteller *IEE S.A.* entwickelt wurde. Bei diesem Messsystem handelt es sich um einen Demonstrator, der aus einem Automotive-Projekt[1] hervorgegangen ist. Die Grundlagen dieses Messsystems gehen auf das Centre Suisse d' Electronique et de Microtechnique zurück, aus dem später die *MESA Imaging AG* hervorgegangen ist.

Das Messsystem zeichnet sich durch sein hohes Maß an technologischer Reife aus; er verfügt gemäß [26] über eine integrierte Kalibrierung und Selbstüberwachung, wodurch

---

[1]**BMW Group.** Vision-based Occupant Classification System.

(a)

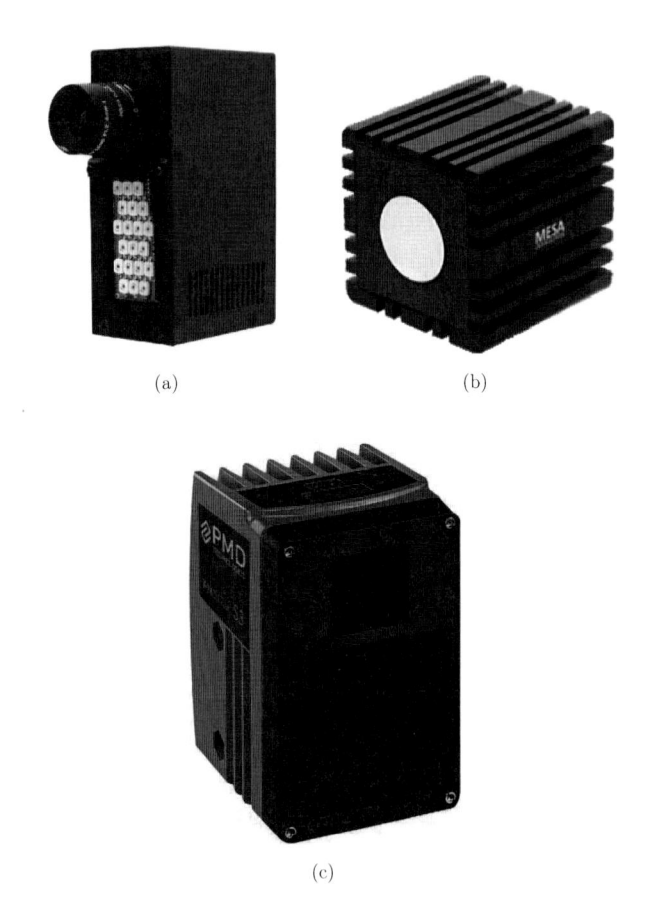

(b)

(c)

Abbildung A.1: Übersicht über verwandte Messsysteme MLI 3D Sensor von *IEE S.A.* (a), SwissRanger SR4000 von *MESA Imaging AG* (b) und PMD[vision] S3 von *PMDTechnologies GmbH* (c)

A.2. Überblick über verfügbare 3D-ToF-Messsysteme

	MLI 3D Sensor	
Auflösung	61 x 56	[Bildpunkte]
Abmessungen eines Bildpunkts	68 x 49	[μm]
Brennweite	-	[mm]
Blickfeld	60 x 60	[°]
Modulationsfrequenz	20	[MHz]
Messbereich	7.5	[m]
Wellenlänge	940	[nm]
Beleuchtung	1 Feld (20 LEDs)	
Optische Leistung	-	[W]
FPS	10	
Versorgungsspannung	12	[V]
Stromaufnahme (peak)	3.5	[A]
Stromaufnahme (AVG)	-	[A]
Abmessungen	54 x 104 x 144	[mm]

Tabelle A.1: MLI. Eigenschaften des Messsystems

eine große Reproduzierbarkeit der Messergebnisse erreicht wird.

A.2.2 SwissRanger SR4000

Die *MESA Imaging AG* ist eine Ausgründung des Centre Suisse d' Electronique et de Microtechnique, einem der europäischen Zentren dieser Technologie. Bei dem **SwissRanger SR4000** (vgl. Abbildung A.1) handelt es sich bereits um die zweite Generation Messsystem der *MESA Imaging AG*.

Die technischen Daten dieses Sensors, der über eine Hintergrundlichtunterdrückung verfügt, sind in Tabelle A.2 gegeben.

A.2.3 PMD[vision] S3

Bei dem **PMD[vision] S3** handelt es sich um das Nachfolgemodell des **PMD[vision] O3**, dem ersten kommerziell vertriebenen Messsystems, das auf diesem Messprinzip beruht, und für den Serieneinsatz ausgelegt ist. Die *PMDTechnologies GmbH* als Hersteller dieses Messsystems, hat die Erfahrungen aus dem praktischen Einsatz de O3 in die nächste Generation des Messsystems einfließen lassen.

Wesentliches Unterscheidungsmerkmal dieser beiden Generationen ist die Leistung des emittierten Lichtsignals, was sich in einem größeren Messbereich wiederspiegelt. Während der O3 über einen Messbereich von maximal 4.0 Metern verfügt, deckt der S3 einen Bereich von mehr als 6.0 Metern ab. Je nach Konfiguration sind mit dem S3 auch Entfernungen bis zu 48.0 Metern messbar. Da der Eindeutigkeitsbereich dieser Systeme eigentlich aufgrund der Modulationsfrequenz und physikalischer Gesetzmäßigkeiten, wie der Lichtgeschwindigkeit, auf wenige Meter begrenzt ist, ist die Einkopplung eines zusätzlichen Lichtsignals mit niederer Frequenz notwendig. Weitere Informationen hierzu sind in dem dazugehörigen Datenblatt [69] vorhanden.

	SwissRanger SR4000	
Auflösung	176 x 144	[Bildpunkte]
Abmessungen eines Bildpunkts	-	[µm]
Brennweite	10	[mm]
Blickfeld	43.6 x 34.6	[°]
Modulationsfrequenz	29/30/31	[MHz]
Messbereich	0.8 - 5.0	[m]
Wellenlänge	850	[nm]
Beleuchtung	-	
Optische Leistung	-	[W]
FPS	54	
Versorgungsspannung	12	[V]
Stromaufnahme (peak)	1.0	[A]
Stromaufnahme (AVG)	0.8	[A]
Abmessungen	65 x 65 x 68 (76)	[mm]

Tabelle A.2: SR4000. Eigenschaften des Messsystems

Die Steigerung der Leistung des emittierten Lichtsignals hat als Nebenwirkungen ein wesentlich größeres Gehäuse, welches zu einem Großteil aus Kühlrippen besteht, und einen erhöhten Stromverbrauch.

Die Bedien- und Anzeigeelemente des S3 sind analog zur ersten Generation, ebenso wie das industrietaugliche Zink-Druckguss-Gehäuse, das den Anforderungen der Schutzart IP67 mit der Schutzklasse III genügt. Die Schnittstellen für die Spannungsversorgung und Datenaustausch sind dementsprechend als M12-Verschraubungen ausgeführt.

Der erfolgreiche Einsatz eines derartigen Messsystems setzt voraus, dass dessen Grenzen hinlänglich bekannt sind. Die Bestimmung dieser Grenzen ist in den nachfolgenden Unterabschnitten hinreichend beschrieben. Da diese Messdaten zu einem großen Anteil auch Grundlage der notwendigen Kalibrierung(en) sind, wurden für die Ermittlung der Charakteristika die unbearbeiteten Rohdaten verwendet.

Temperaturverhalten

Verglichen mit dem PMD[vision] O3 emittiert der PMD[vision] O3 eine höhere optische Leistung. Die hieraus resultierende Wärme wird durch die Kühlrippen auf der Rückseite des Gehäuses effizient abgeführt, was einen niedrigen Temperatur-Arbeitspunkt (> 30.0 $°C$) zur Folge hat. Die Zeit bis dieser Arbeitspunkt erreicht wird, ist mit mehr als 20 Minuten aber analog zu dem O3 sehr lang. Allerdings ist die gemessene Distanz über das Intervall des Aufheizens konstant und variiert nur im Bereich von ±1.0 cm.

Dieses Verhältnis lässt darauf schließen, dass das Messsystem bereits ebenfalls über eine Temperatur-Kompensierung verfügt, die den nachteiligen Einfluss von ansteigender Temperatur auf das Photonenrauschen ausgleicht.

A.2. Überblick über verfügbare 3D-ToF-Messsysteme

	PMD[vision] S3	
Auflösung	64 x 48	[Bildpunkte]
Abmessungen eines Bildpunkts	100 x 100	[μm]
Brennweite	8.6	[mm]
Blickfeld	40 x 30	[°]
Modulationsfrequenz	20	[MHz]
Messbereich	7.0	[m]
Wellenlänge	850	[nm]
Beleuchtung	-	
Optische Leistung	-	[W]
FPS	≈20	
Versorgungsspannung	24	[V]
Stromaufnahme (peak)	2.5	[A]
Stromaufnahme (AVG)	-	[A]
Abmessungen	137 x 95 x 75	[mm]

Tabelle A.3: S3. Eigenschaften des Messsystems

Signal-Rausch-Verhältnis

Das Signal-Rausch-Verhältnisse eines jeden Bildpunkts, veranschaulicht in Abbildung A.3 lässt analog zum PMD[vision] O3 die Schlussfolgerung zu, dass das SNR mit steigendem Euklid'schen Abstand zwischen dem betrachteten Bildpunkt und der optischen Achse sinkt.

In Tabelle A.4 ist sowohl das Signal-Rausch-Verhältnis der optischen Achse als auch der Mittelpunkte der vier Quadranten (Einteilung gemäß Tabelle 3.1) geben.

Messpunkt	$\bar{d}$	σ	SNR
optische Achse	1.403	0.008	180.680
1. Quadrant.	1.455	0.003	568.101
2. Quadrant.	1.440	0.008	174.727
3. Quadrant.	1.451	0.002	594.223
4. Quadrant.	1.449	0.003	523.248

Tabelle A.4: Messergebnisse für das Signal-Rausch-Verhältnis

Der signifikante Größenunterschied des SNR der optischen Achse und der einzelnen Quadranten spricht für den Einfluss der Euklid'schen Abstands auf das SNR. Die unterschiedlichen Ergebnisse der einzelnen Quadranten sind auf eine, nicht ganz parallele Ausrichtung der Sensorfläche des Messsystems zur Referenzfläche bzw. zum Hintergrund zurückzuführen.

Blendung

In Abbildung A.4 sind die Auswirkungen einer derartigen Gegenlichtquelle aufgezeigt: ausgeschaltete Gegenlichtquelle (a), eingeschaltete Gegenlichtquelle (b), absolute Differenz

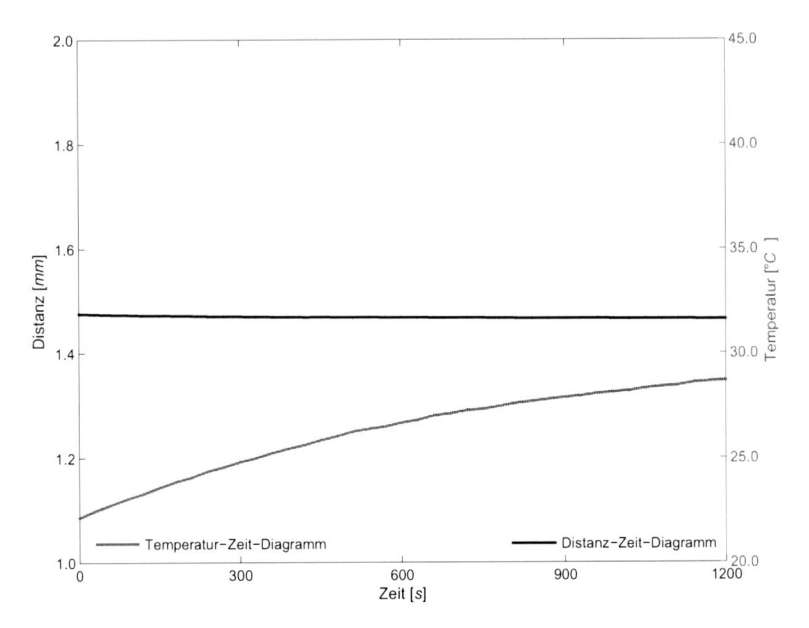

Abbildung A.2: Temperaturverhalten Trotz der exponentiell ansteigenden Temperatur bleibt die gemessene Distanz nahezu konstant.

der gemessenen Distanzen - ein- bzw. ausgeschaltete Gegenlichtquelle (c) und die markierten fehlerhaften Bildpunkte (d). Ein Bildpunkt gilt als fehlerhaft, wenn die Differenz der gemessenen Distanzen bei ein- und ausgeschalteter Gegenlichtquelle einen Schwellwert s_{max} überschreitet.

Der Vergleich zwischen den hier gemessenen SNR mit denen, ohne Gegenlichtquelle aus Unterabschnitt A.2.3, zeigt, dass sich die Gegenlichtquelle nahezu nicht auf dieses Verhältnis auswirkt.

Messpunkt	$\bar{d}$	σ	SNR
1. Quadrant.	1.468	0.003	506.539
2. Quadrant.	1.438	0.009	154.935
3. Quadrant.	1.442	0.010	140.888
4. Quadrant.	1.465	0.003	521.853

Tabelle A.5: Messergebnisse für das Blendverhalten

Das Messergebnis des PMD[vision] S3 konnte, was das Experiment der Blendung angeht, wesentlich bessere Ergebnisse erzielen, als sein *kleiner Bruder* der PMD[vision] O3. Dieses ist vornehmlich auf höhere emittierte optische Leistung des S3 zurückzuführen.

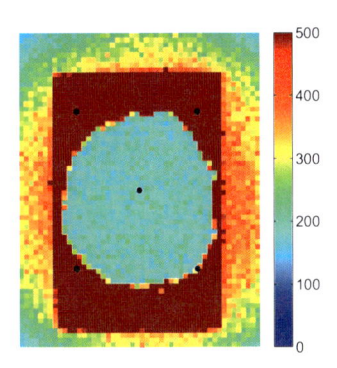

Abbildung A.3: Signal-Rausch-Verhältnis Das Signal-Rausch-Verhältnis verringert sich, je größer der Euklid'sche Abstand des betrachteten Bildpunkts zur optischen Achse des Messsystems ist. Weiterhin ist der Einfluss der Reflektivität der Szene zu erkennen: Eine geringere Reflektivität lässt ebenfalls auf ein niedrigeres SNR schließen.

Bewegungsartefakte

Den extrahierten Distanzinformationen in Abbildung A.5 ist zu entnehmen, dass keine dieser drei Geschwindigkeiten zu unscharfen Objektkanten geführt hat. Auch die Größe des Objekts, Bereich innerhalb der beiden Objektkanten, ist konstant. Weiterhin ist zu beobachten, dass die, bei bewegtem Objekt, gemessenen Distanzen denen des statischen Objekts entsprechen. Etwaige Versätze zwischen den einzelnen Objektkanten ergeben sich aus den betrachteten Momentaufnahmen.

Unterschiedliche Umgebungsbedingungen

In Abbildung A.6f sind die gemessenen, die realen Distanzen und die daraus resultierende Messabweichung, unterteilt nach der Höhe des Umgebungslichts, grafisch dargestellt. Die verschiedenen Objektreflektivitäten (2, 18, 62 und 90) sind dabei durch die grau-schattierten Abschnitte der x-Achse angedeutet.

In den beiden Abbildungen A.6 (a) und (b) ist zu erkennen, dass bei geringem Umgebungslicht eine korrekte Bestimmung der Distanz mir nur geringen Messabweichungen ($< 50\ mm$) ausreicht. Lediglich bei niedriger Distanz und sehr hoher Objektreflektivität sind größere Abweichungen zu erkennen.

Betrachtet man dagegen die Messergebnisse bei hohem Umgebungslicht ($100\ klux$), vergleiche Abbildung A.7, dann ist auffällig, dass es bei großen Objektdistanzen und höheren Reflektivitäten zu teilweise sehr großen Messabweichungen ($> 100\ mm$) kommt.

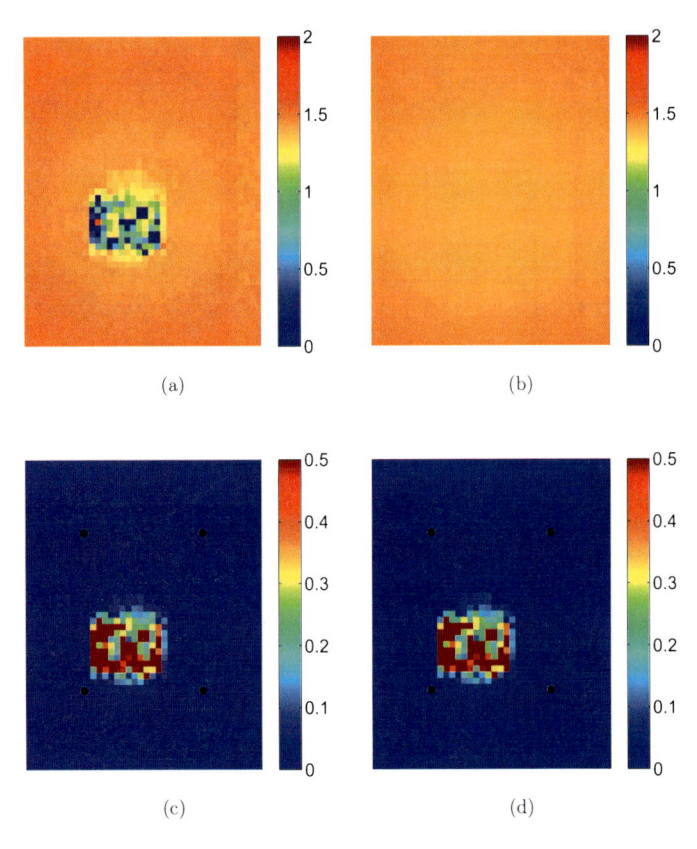

Abbildung A.4: Blendung Gegenlichtquelle ausgeschaltet (a), Gegenlichtquelle eingeschaltet (b), absolute Differenz der gemessenen Distanzen - ein- bzw. ausgeschaltete Gegenlichtquelle (c) und die markierten fehlerhaften Bildpunkte bei $s_{max} = 0.05[m]$ (d).

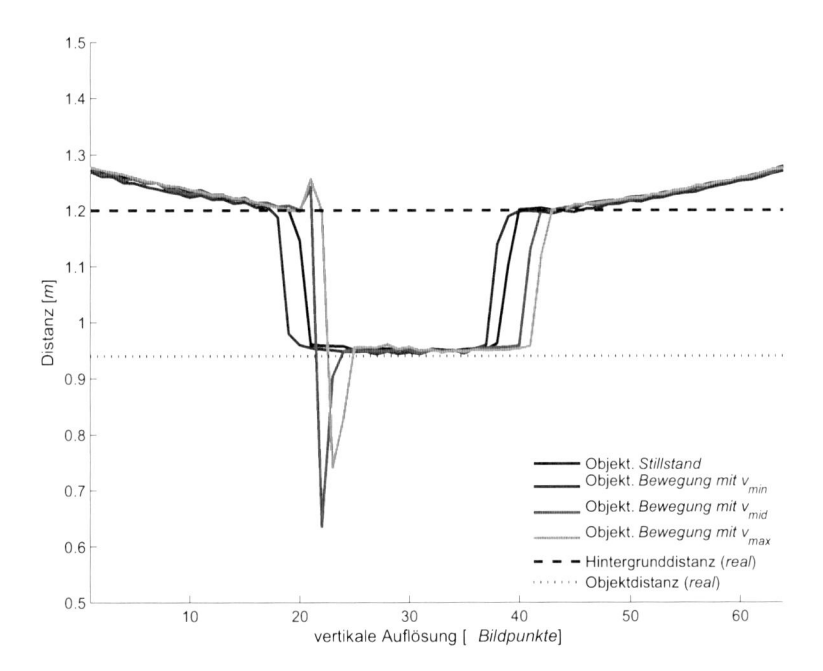

A.2. Überblick über verfügbare 3D-ToF-Messsysteme

Abbildung A.5: Bewegungsartefakte Deutlich zu erkennen ist, dass die drei untersuchten Geschwindigkeiten mit denen das Objekt bewegt wurde, keine unscharfen Objektkanten zur Folge hatte. Auch sind die gemessenen Distanzen identisch mit dem statischen Objekt.

146 Kapitel A. Verwandte Messsysteme

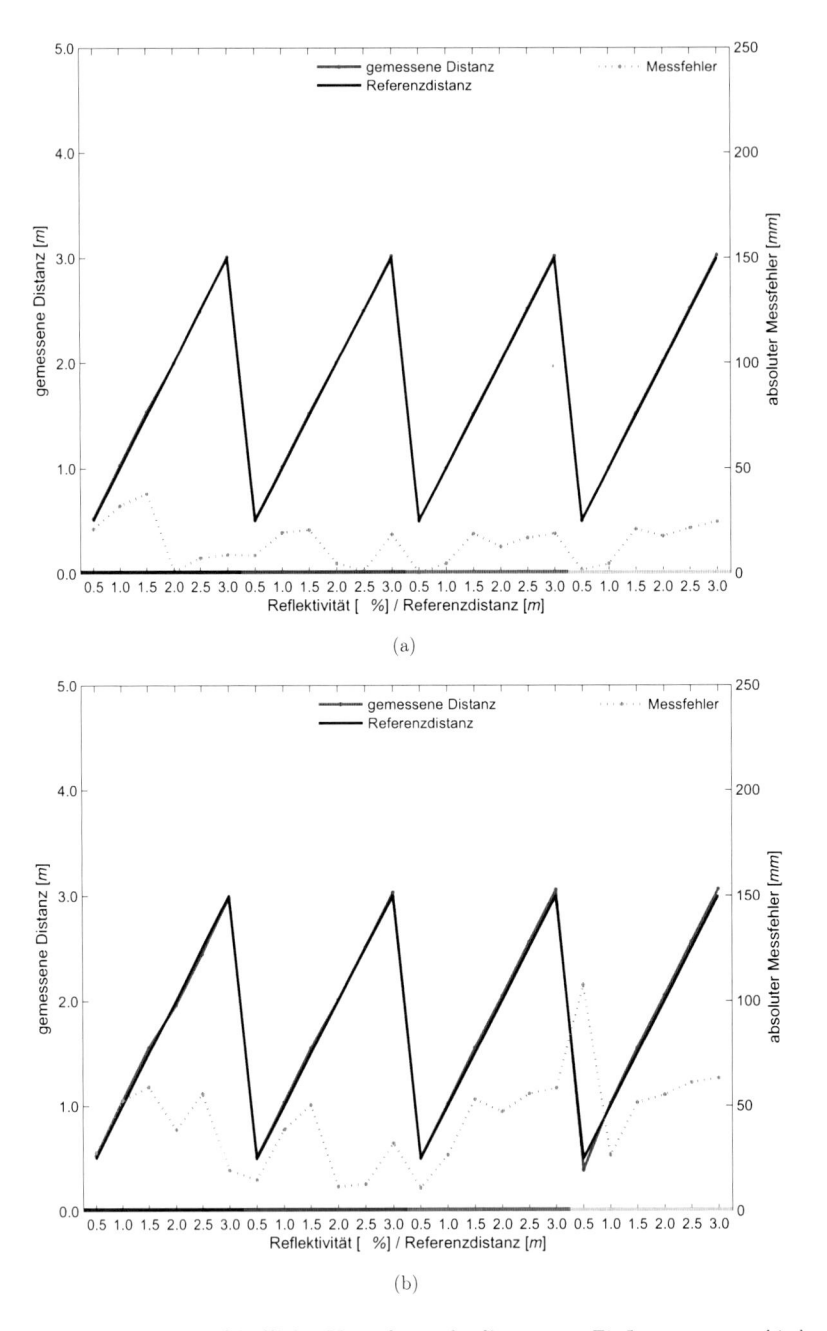

(a)

(b)

Abbildung A.6: **Unterschiedliche Umgebungsbedingungen** Einflüsse von verschiedenen Objektdistanzen und -reflektivitäten für Umgebungslicht von (a) 0 $klux$ und (b) 1 $klux$

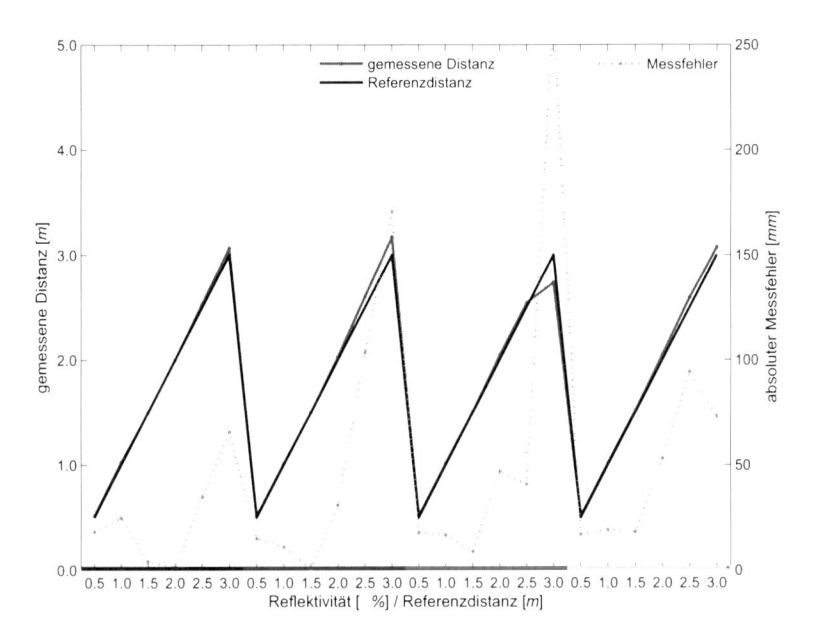

A.2. Überblick über verfügbare 3D-ToF-Messsysteme   147

Abbildung A.7: Unterschiedliche Umgebungsbedingungen Einflüsse von von verschiedenen Objektdistanzen und -reflektivitäten für Umgebungslicht von 100 $klux$.

Anhang B

Weitere Ergebnisse der Streulichtkompensierung

B.1 Motivation

Zusätzlich zu der detaillierten Vorstellung der Streulichtkompensierung, die im Hauptteil dieser Arbeit gegeben wurde, wird in den folgenden beiden Abschnitten deren Anwendungen auf weitere Szenen präsentiert.

B.2 Szene A

In den folgenden Abbildungen sind die Ergebnisse dieser einzelnen Stufen dargestellt. Die hier visualisierten Messdaten gehören zu der Messung einer Szene mit folgenden Eigenschaften:

Eigenschaften	Formelzeichen	Wert	Dimension
Hintergrunddistanz	d_H	800	[mm]
Reflektivität des Hintergrunds	ρ_H	weiß	
Objektdistanz	d_O	300	[mm]
Reflektivität des Objekts	ρ_H	grau	

Tabelle B.1: Eigenschaften der betrachteten Szene zur Verifikation der algorithmischen Streulichtkompensierung

Die gemessen Distanzinformationen d sind in Abbildung B.1 gegeben. Darin ist deutlich zu erkennen, dass signifikante Abweichungen zwischen den gemessenen und den realen Distanzen auftreten. Dieses gilt sowohl für die Distanzen des Hintergrund d_H, als auch für die des Objekts d_O.

Auf die unkorrigierten Messdaten wird zunächst der, in Abschnitt 4.4 entworfene Algorithmus zur Streulichtkompensierung angewendet. Das Ergebnis dieser ersten Stufe der Korrektur ist in Abbildung 5.19 veranschaulicht.

Der Algorithmus zur Streulichtkompensierung korrigiert, wie bereits in Kapitel 4 in Abbildung 4.23 gezeigt, die Messdaten auf die Werte, die bei nicht vorhandenem Streu-

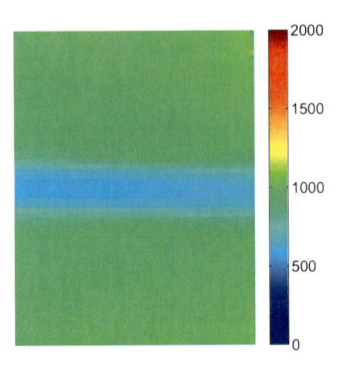

Abbildung B.1: Rohdaten, aufgenommen mit einem PMD[vision] O3

licht als Eingangsgröße für die sich anschließende Distanzkalibrierung dienen würden.

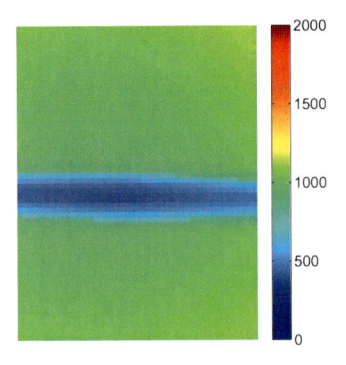

Abbildung B.2: Algorithmische Streulichtkompensierung - Zwischenschritt Anwendung der algorithmischen Streulichtkompensierung auf die *rohen* Distanzinformationen

Wie in dem vorherigen Absatz angedeutet, schließt sich an die, im Rahmen dieser Dissertation entworfene, algorithmische Streulichtkompensierung das bekannte Verfahren der Distanzkalibrierung an, um die verbleibende Messabweichung zu kompensieren. Dieses Verfahren wurde bereits in Abschnitt 3.3.2 vorgestellt. Mit Hilfe dieser Methode zur Korrektur bzw. Kalibrierung der Distanzinformation können die Messabweichungen, verursacht durch die fehlerbehaftete Abtastung der Messsignale, korrigiert werden.

In Abbildung B.3 sind die resultierenden Messdaten veranschaulicht.

Diese Ergebnisse erzielt mit der algorithmischen Streulichtkompensierung, präsentiert in den vorhergehenden Absätzen, werden mit dem einzig bekannten Korrekturverfahren, der alleinigen Distanzkalibrierung, verglichen. Durch den Vergleich der Ergebnisse dieser beiden Methoden sollen die, durch die zusätzliche Streulichtkompensierung erzielten,

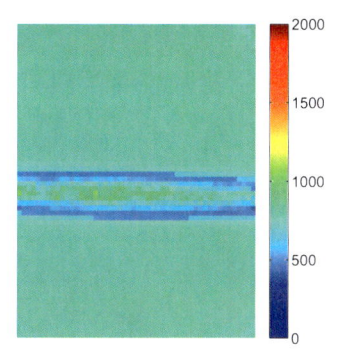

Abbildung B.3: Algorithmische Streulichtkompensierung - Distanzkalibrierung Anwendung der Distanzkalibrierung auf die streulichtkompensierten Distanzinformationen

Verbesserungen qualitativ messbar gemacht werden.

Die (Distanz-) Kalibrierung wurde zu diesem Zweck auf die gleiche Szene (vgl. Tabelle 5.6) angewendet, wie vorher die algorithmische Streulichtkompensierung. In Abbildung B.4 ist das Resultat dieser Kalibrierung dargestellt.

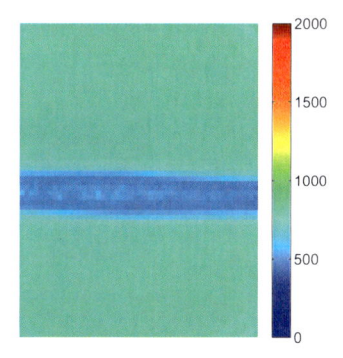

Abbildung B.4: Distanzkalibrierung der *rohen* Distanzinformationen (ohne vorhergehende Streulichtkompensierung)

In Abbildung 5.22 ist die erzielte Steigerung der Qualität der Messdaten, durch die eingefügte Methode zur algorithmischen Streulichtkompensierung im Vergleich zur alleinigen Distanzkalibrierung dargestellt. Während in der linken Spalte die Ergebnisse der jeweiligen Methode in Falschfarben darstellt sind, ist in der rechten Spalte die absolute Messabweichung für jeden Bildpunkt des Messsystems zur tatsächlichen Distanz aufgetragen (dargestellt ebenfalls in Falschfarben).

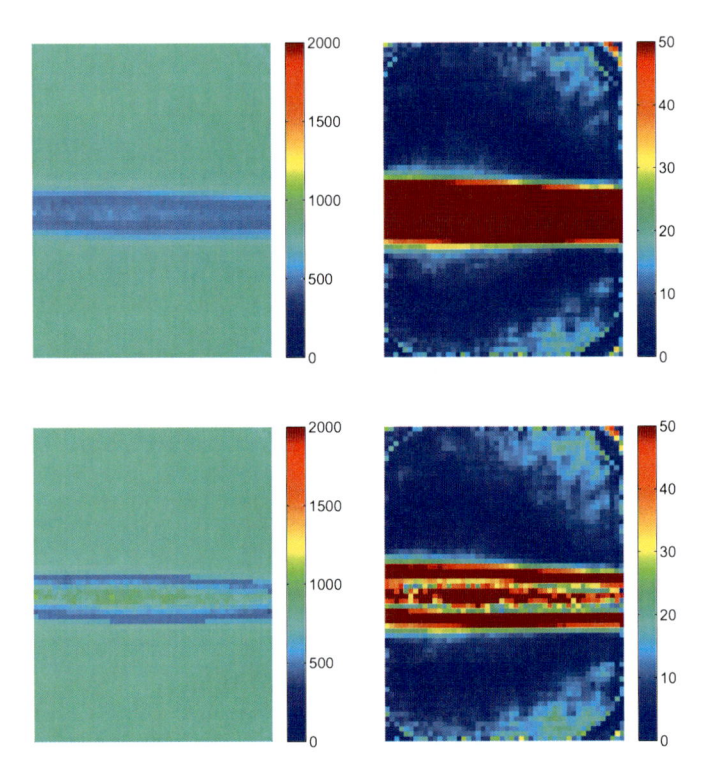

Abbildung B.5: Vorher-Nachher-Vergleich der Messdaten Die beiden *oberen* Abbildungen zeigen das Ergebnis der alleinigen Distanzkalibrierung (*links*) und Darstellung der Messabweichung zur Referenzdistanz in Falschfarben (*rechts*). Die *unteren* Abbildungen zeigen die Ergebnisse unter Berücksichtigung der algorithmischen Streulichtkompensierung.

Die absoluten Messabweichungen, visualisiert in der rechten Spalte der Abbildung B.5, zeigen deutlich, dass durch die Anwendung der algorithmischen Streulichtkompensierung eine signifikante Reduzierung der Messabweichung erreicht werden konnte.

Für die beiden, in den vorherigen Absätzen betrachteten, Bildpunkte ergeben sich die in Tabelle B.2.

		Distanzkalibrierung		Streulichtkompensierung	
		$d_{H_{24,8}}$	$d_{O_{24,36}}$	$d''_{H_{24,8}}$	$d''_{O_{24,36}}$
vorher	[mm]	1023.31	535.34	1023.31	535.34
nachher	[mm]	805.65	492.92	807.89	477.74

Tabelle B.2: **Vergleich der beiden Korrekturverfahren** anhand der Messabweichung

Die Ergebnisse der beiden gegenübergestellten Korrekturverfahren weisen eine ähnliche Qualität aus. Die verbleibenden, absoluten Abweichungen der gemessenen Distanzen der einzelnen Bildpunkte des Hintergrunds d_H sind über die homogene Fläche kleiner 15 mm; lediglich für wenige Ausnahmen im äußeren Bereich der Bildfläche kommen größere Messabweichungen vor.

Im Gegensatz dazu stehen die Ergebnisse der Korrektur des Objektdistanzen d_O. Hier sind immer noch absolute Messabweichungen größer 50 mm eher die Regel als die Ausnahme. Nur für eine spärliche Anzahl an Bildpunkten konnten mir der algorithmischen Streulichtkompensierung bessere Ergebnisse erzielt werden.

Die erkennbare kreisförmigen Strukturen innerhalb der aufgenommenen Messdaten und damit auch in den Ergebnissen der beiden Korrekturverfahren lassen auf die direkte Reflektion nicht-polarisierter, optischer Strahlung zurückführen, auf die bereits in Absatz 5.4.2 eingegangen wurde.

B.3 Szene B

In den folgenden Abbildungen sind die Ergebnisse dieser einzelnen Stufen dargestellt. Die hier visualisierten Messdaten gehören zu der Messung einer Szene mit folgenden Eigenschaften:

Eigenschaften	Formelzeichen	Wert	Dimension
Hintergrunddistanz	d_H	1200	[mm]
Reflektivität des Hintergrunds	ρ_H	grau	
Objektdistanz	d_O	300	[mm]
Reflektivität des Objekts	ρ_H	grau	

Tabelle B.3: **Eigenschaften der betrachteten Szene** zur Verifikation der algorithmischen Streulichtkompensierung

Die gemessen Distanzinformationen d einer gestellten Szene sind in Abbildung B.6 gegeben. Darin ist deutlich zu erkennen, dass signifikante Abweichungen zwischen den gemessenen und den realen Distanzen auftreten. Dieses gilt sowohl für die Distanzen des Hintergrund d_H, als auch für die des Objekts d_O.

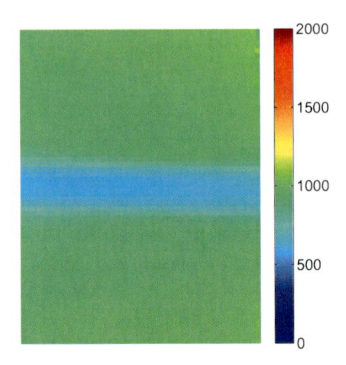

Abbildung B.6: Rohdaten, aufgenommen mit einem PMD[vision] O3

Auf die unkorrigierten Messdaten wird zunächst der, in Abschnitt 4.4 entworfene Algorithmus zur Streulichtkompensierung angewendet. Das Ergebnis dieser ersten Stufe der Korrektur ist in Abbildung B.7 veranschaulicht.

Der Algorithmus zur Streulichtkompensierung korrigiert, wie bereits in Kapitel 4 in Abbildung 4.23 gezeigt, die Messdaten auf die Werte, die bei nicht vorhandenem Streulicht als Eingangsgröße für die sich anschließende Distanzkalibrierung dienen würden.

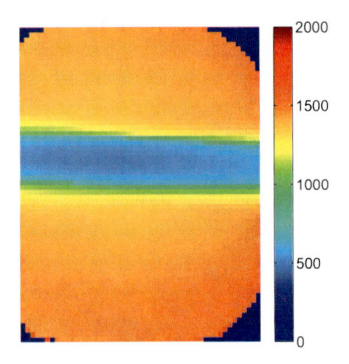

Abbildung B.7: Algorithmische Streulichtkompensierung - Zwischenschritt Anwendung der algorithmischen Streulichtkompensierung auf die *rohen* Distanzinformationen

Wie in dem vorherigen Absatz angedeutet, schließt sich an die, im Rahmen dieser Dissertation entworfene, algorithmische Streulichtkompensierung das bekannte Verfah-

B.3. Szene B

ren der Distanzkalibrierung an, um die verbleibende Messabweichung zu kompensieren. Dieses Verfahren wurde bereits in Abschnitt 3.3.2 vorgestellt. Mit Hilfe dieser Methode zur Korrektur bzw. Kalibrierung der Distanzinformation können die Messabweichungen, verursacht durch die fehlerbehaftete Abtastung der Messsignale, korrigiert werden.

In Abbildung B.3 sind die resultierenden Messdaten veranschaulicht.

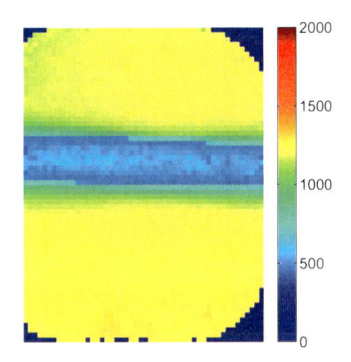

Abbildung B.8: Algorithmische Streulichtkompensierung - Distanzkalibrierung Anwendung der Distanzkalibrierung auf die streulichtkompensierten Distanzinformationen

Diese Ergebnisse erzielt mit der algorithmischen Streulichtkompensierung, präsentiert in den vorhergehenden Absätzen, werden mit dem einzig bekannten Korrekturverfahren, der alleinigen Distanzkalibrierung, verglichen. Durch den Vergleich der Ergebnisse dieser beiden Methoden sollen die, durch die zusätzliche Streulichtkompensierung erzielten, Verbesserungen qualitativ messbar gemacht werden.

Die (Distanz-) Kalibrierung wurde zu diesem Zweck auf die gleiche Szene (vgl. Tabelle 5.6) angewendet, wie vorher die algorithmische Streulichtkompensierung. In Abbildung B.9 ist das Resultat dieser Kalibrierung dargestellt.

In Abbildung 5.22 ist die erzielte Steigerung der Qualität der Messdaten, durch die eingefügte Methode zur algorithmischen Streulichtkompensierung im Vergleich zur alleinigen Distanzkalibrierung dargestellt. Während in der linken Spalte die Ergebnisse der jeweiligen Methode in Falschfarben darstellt sind, ist in der rechten Spalte die absolute Messabweichung für jeden Bildpunkt des Messsystems zur tatsächlichen Distanz aufgetragen (dargestellt ebenfalls in Falschfarben).

Die absoluten Messabweichungen, visualisiert in der rechten Spalte der Abbildung B.10, zeigen deutlich, dass durch die Anwendung der algorithmischen Streulichtkompensierung eine signifikante Reduzierung der Messabweichung erreicht werden konnte.

Für die beiden, in den vorherigen Absätzen betrachteten, Bildpunkte ergeben sich die in Tabelle B.4.

Während für die Szene im vorhergehenden Abschnitt annähernd ähnliche Ergebnisse mit den beiden gegenübergestellten Messverfahren erzielt werden konnten. Die Ergeb-

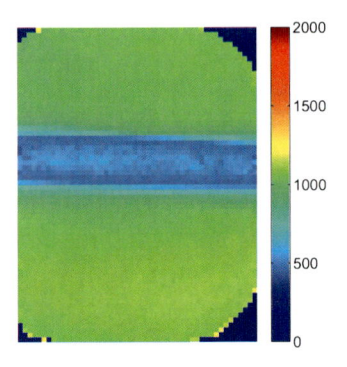

Abbildung B.9: Distanzkalibrierung der *rohen* Distanzinformationen (ohne vorhergehende Streulichtkompensierung)

		Distanzkalibrierung		Streulichtkompensierung	
		$d_{H_{24,8}}$	$d_{O_{24,28}}$	$d''_{H_{24,8}}$	$d''_{O_{24,28}}$
vorher	[mm]	1239.44	508.60	1239.44	508.60
nachher	[mm]	1034.38	558.24	1191.00	568.65

Tabelle B.4: Vergleich der beiden Korrekturverfahren anhand der Messabweichung

nisse der algorithmischen Streulichtkompensierung weisen zumindest für die korrigierten Hintergrunddistanzen d_H weitaus kleinere Messabweichungen aus, als die der reinen Distanzkalibrierung.

Für die Objektdistanzen gilt, dass hier kein merklicher Unterschied zwischen den beiden Korrekturverfahren erkennbar ist. Bei beiden Verfahren waren die verbliebenen absoluten Messabweichungen immer noch größer 50 *mm*.

Wie auch bei der vorhergehenden Szene sind hier unterschiedliche, kreisförmige Bereiche innerhalb der Messdaten erkennbar. Diese gehen, wie in Absatz 5.4.2 beschrieben, auf die direkte Reflektion nicht polarisierter optischer Strahlung zurück.

B.3. Szene B

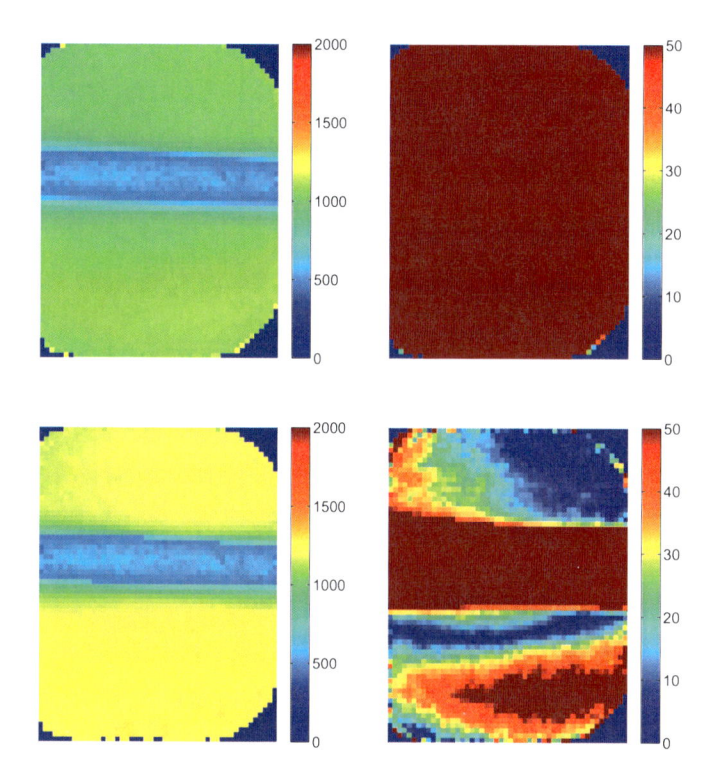

Abbildung B.10: Vorher-Nachher-Vergleich der Messdaten Die beiden *oberen* Abbildungen zeigen das Ergebnis der alleinigen Distanzkalibrierung (*links*) und Darstellung der Messabweichung zur Referenzdistanz in Falschfarben (*rechts*). Die *unteren* Abbildungen zeigen die Ergebnisse unter Berücksichtigung der algorithmischen Streulichtkompensierung.

Literaturverzeichnis

[1] C. Bamji. Single Chip Red, Green, Blue, Distance (RGB-Z) Sensor. International Patent WO/2005/072358, January 2005.

[2] J.-Y. Bouguet. Camera Calibration Toolbox for MATLAB. http://www.vision.caltech.edu/bouguetj/calib_doc/, 2004.

[3] B. Büttgen, T. Oggier, and M. Lehmann. CCD/CMOS Lock-In Pixel for Range Imaging: Challenges, Limitations and State-of-the-Art. In *Proceedings of the 1st Range Imaging Research Day at ETH Zurich*, pages 21–32, Zurich, Switzerland, 2005.

[4] Ch. Caspari. Abbildungsfehler. http://www.fotolaborinfo.de, November 2009.

[5] M.-A. Cauquy and L. Lamesch. Method and system for acquiring a 3-D image of a sense. European Patent EP1903299A1, September 2006.

[6] National Highway Traffic Safety Administration (NHTSA) Department of Transportation (USA). Occupant crash protection. 49 CFR Parts 552, 571, 585 and 595, Docket No. NHTSA 00-7013; Notice 1, RIN 2127-AG70.

[7] D. Falie and V. Buzuloiu. Noise Characteristics of 3D Time-of-Flight Cameras. In *IEEE Sym. on Signals Circuits & Systems (ISSCS), session on Alg. for 3D ToF cameras*, pages 229–232, 2007.

[8] J. Frey. *Entwurf und Untersuchung von hochauflösenden 3D-Bildsensoren in CMOS-Technologie*. PhD thesis, Universität Siegen, 2007. Sierke Verlag, ISBN 978-3868440232.

[9] J. Frey. Bildsensorik mit Tiefgang: Stand der PMD-Technik, Roadmap & Perspektiven. In *PMD[vision] Day 2008*, Munich, Germany, November 2008.

[10] B. Fries. *Experimente zum akustischen Dopplereffekt*. Facharbeit, 2007. http://benjamin-fries.de/hp/dls/facharbeit_dopplereffekt.pdf.

[11] S. Fuchs and S. May. Calibration an Registration for Precis Surface Reconstruction with TOF Cameras. In *Proceedings of the DAGM Dyn3D Workshop*, Heidelberg, Germany, September 2007.

[12] A. Gassel. *Beiträge zur Berechnung solarthermischer und exergieeffizienter Energiesysteme*. PhD thesis, University Dresden, Germany, 1996. Fraunhofer IRB Verlag, ISBN 978-3816747079.

[13] D. Goerke. Modeling and performance analysis of a 3D CMOS sensor chip. Bachelor thesis, Leuphana Universität Lüneburg, September 2008.

[14] S. B. Gokturk and A. Rafii. An Occupant Classification System - Eigen Shapes or Knowledge-Based Features. In *Proc. IEEE International conference on Computer Vision and Pattern Recognition*, pages 57–64, San Diego, USA, 2005.

[15] S. B. Gokturk, A. Rafii, and C. Tomasi. 3D Vision Enables Everyday Devices to SSee": Why 3D vision is necessary for mass-market electronic vision applications. April 2008. http://www.canesta.com.

[16] S. B. Gokturk and C. Tomasi. 3D Head Tracking Based on Recognition and Interpolation Using a Time-Of-Flight Depth Sensor. In *Proceedings of Computer Vision and Pattern Processing, CVPR*, pages 211–217, 2004.

[17] S. B. Gokturk, H. Yalcin, and C. Bamji. A Time-Of-Flight Depth Sensor – System Description, Issues and Solutions. In *Proceedings of IEEE Conf. on Computer Vision and Pattern Recognition*, Washington D.C., USA, June 2004.

[18] T. Gumpp, T. Schamm, S. Bergmann, J. M. Zöllner, and R. Dillmann. PMD-basierte Fahrspurerkennung und -verfolgung für Fahrerassistenzsysteme. In *Autonome Mobile Systeme 2007*, pages 226–232, 2007.

[19] S. A. Guomundsson, H. Aanaes, and R. Larsen. Environmental Effects on Measurement Uncertainties of Time-of-Flight Cameras. In *IEEE Sym. on Signals Circuits & Systems (ISSCS), session on Alg. for 3D ToF-cameras*, pages 113–116, 2007.

[20] R. Gvili, A. Kaplan, E. Ofek, and G. Yahav. Depth keying. In *SPIE Electronic Imaging Conference*, Santa Clara, California, 2003. 3DV Systems Ltd.

[21] B. Hagebeuker. Mehrdimensionale Objekterfassung mittels PMD-Sensorik. *Optik & Photonik*, pages 42–44, March 2008.

[22] H. Heß. *Empfang und Auswertung intensitätsmodulierter optischer Signale mittels Photonic-Mixer-Device (PMD) in Applikationen der Messtechnik und Kommunikation*. PhD thesis, Universität Siegen, 2006.

[23] Ch. Heckenkamp. Das Magische Auge-Grundlagen der Bildverarbeitung: Das PMD-Prinzip. *Inspect*, 1:25–28, March 2008.

[24] S. Hußmann and H. Heß. Dreidimensionale Umwelterfassung: 3D-Time-Of-Flight-Sensoren für automotive Anwendungen. *automotive*, pages 55–59, August 2006. www.elektroniknet.de.

[25] F. v. Hundelshausen. Kamera Kalibrierung nach Tsai. Technical report.

[26] IEE S.A. *MLI 3D Sensor (Fact Sheet)*, 2008.

[27] T. Kahlmann, F. Remondino, and H. Ingensand. Calibration for increased accuracy of the range imaging camera SwissRanger. In *International Archives of Photogrammetry, Remote Sensing and Spatial Information Sciences*, volume XXXVI, pages 136–141, Dresden, Germany, 2006.

[28] N. Keppeler. Chancen der 3D-Sensorik im Automobil. In *PMD[vision] Day 2008*, Munich, Germany, November 2008.

[29] S. Kleiner. Streulicht und Geisterbilder. *Laser+Photonik*, 1:46–49, 2007.

LITERATURVERZEICHNIS

[30] D. Klimentjew and A. Stroh. Grundlagen und Methodik der 3D-Rekonstruktion und ihre Anwendung für landmarkenbasierte Selbstlokalisierung humanoider Roboter. Master's thesis, Universität Hamburg, 2008.

[31] C. Koch. Messen und Klassifizieren mit Time-of-Flight Sensorik: Potential und Limitationen. In *PMD[vision] Day 2008*, Munich, Germany, November 2008.

[32] C. Koch, A. Augst, and M. Fuchs. Stereo vision with mono chip. National patent application (patent pending), January 2003.

[33] C. Koch, S.-B. Park, T.J. Ellis, and A. Georgiadis. Illumination technique for optical dynamic range compression and offset reduction. In *British Machine Vision Conference (BMVC2001)*, pages 293–302, Manchester, UK, September 2001.

[34] C. Koch, S.-B. Park, and S. Sauer. Method and apparatus for monitoring the interior space of a motor vehicle. International Patent EP1215619, December 2000.

[35] A. Kolb. Kalibrierung & 2D/3D Bildverarbeitung mit dem PMD Sensor. In *PMD[vision] Day 2008*, Munich, Germany, November 2008.

[36] A. Kolb and M. Lindner. Calibration of the Intensity-Related Distance Error of the PMD TOF-Camera. *Proc. SPIE, Intelligent Robots and Computer Vision*, 6764: 35, 2007.

[37] H. Kraft, H. Bette, and R. Lange. Photomischdetektor und Verfahren zu dessen Betrieb. National Patent DE102006002732A1, August 2007.

[38] H. Kraft, J. Frey, T. Moeller, M. Albrecht, M. Grothof, B. Schink, H. Hess, and B. Buxbaum. 3D-Camera of High 3D-Frame Rate, Depth-Resolution and Background Light Elimination Based on Improved PMD (Photonic Mixer Device)-Technologies. In *6th International Conference for Optical Technologies, Optical Sensors and Measuring Techniques*, 2004.

[39] D.-J. Kroon. Region growing, March 2008. http://www.mathworks.com.

[40] J. Kühnle. Kalibrierung von Laufzeitkameras und robuste 3D Objekterkennung. In *SmartVision, Fraunhofer Institut für Produktionstechnik und Automatisierung (IPA)*, Stuttgart, Germany, April 2008.

[41] J. Kühnle and V. Viereck. Kollisionserkennung für Gabelstapler. In *SmartVision, Fraunhofer Institut für Produktionstechnik und Automatisierung (IPA)*, Stuttgart, Germany, April 2008.

[42] L. Lamesch. Method for error compensation in a 3D camera. International Patent EP1815268, November 2004.

[43] L. Lamesch. Error compensation method for a 3D camera. US Patent 7502711, June 2006.

[44] E. Lange and B. Michel. Auf Geisterjagd. *Laser+Photonik*, 5:18–22, 2007.

[45] R. Lange. *3D Time-of-Flight Distance Measurement with Custom Solid-State Image Sensors in CMOS/CCD-Technology*. PhD thesis, Department of Electrical Engineering and Computer Science at University of Siegen, September 2000.

[46] R. Lange and P. Seitz. Seeing distances - a fast time-of-flight 3D camera. *Sensor Review*, 20(3):212–217, April 2000.

[47] R. Lange and P. Seitz. Solid-State Time-of-Flight Range Camera. In *IEEE Journal of Quantum Electronics*, volume 37, pages 390–397, March 2001.

[48] R. Lange, P. Seitz, A. Biber, and R. Schwarte. Time-of-flight range imaging with a custom solid-state image sensor. In *Proceedings of the SPIE*, volume 3823, pages 180–191, Munich, Germany, 1999.

[49] M. Lindner and A. Kolb. Lateral and Depth Calibration of PMD-Distance Sensors. In *Proc. Int. Symp. on Visual Computing*, pages 524–533, 2006.

[50] M. Lindner, A. Kolb, and T. Ringbeck. New Insights into the Calibration of ToF-Sensors. *IEEE Conf. on Computer Vision & Pattern Recogn.; Workshop on ToF-Camera based Computer Vision*, 2008.

[51] M. Marder. Comparison of Calibration Algorithms for a Low-Resolution, Wide Angle, 3D Camera. Master's thesis, KTH Royal Institue of Technology, Stockholm, March 2005.

[52] O. Marti. Grundlagen der Physik IIIa (Vorlesungsskript PHYS2110). Technical report, Universität Ulm, Institut für Experimentelle Physik, 2002.

[53] S. May, B. Werner, H. Surmann, and K. Pervölz. 3D time-of-flight cameras for mobile robotics. *Fraunhofer Institute for Autonomous Intelligent Systems (AIS)*, 2006.

[54] P. Mengel. Three-Dimensional CMOS Image Sensors for Pedestrian Protectionen and Collision Mitigation. AMAA 2006, 2006.

[55] P. Mengel and G. Doemens. Method and Device For Recording Three-Dimensional Distance-Measuring Images. International Patent WO/99/34235, July 1999.

[56] D. Meyer-Ebrecht. *Digitale Bildverarbeitung I - Grundlagen und Abbildungsverfahren*. Lehrstuhl für Meßtechnik und Bildverarbeitung an der RWTH AAchen, 2.5 edition, Oct. 2003.

[57] D. Meyer-Ebrecht. *Digitale Bildverarbeitung II - Bildanalyse*. Lehrstuhl für Meßtechnik und Bildverarbeitung an der RWTH Aachen, 2.5 edition, Oct. 2003.

[58] T. Möller, H. Kraft, J. Frey, M. Albrecht, and R. Lange. Robust 3D Measurement with PMD Sensors. In *Proceedings of the 1st Range Imaging Research Day at ETH Zurich*, Zurich, Switzerland, 2005.

[59] T. Neugebauer. Spurführung von fahrerlosen Fahrzeugen (AGV) an künstlichen oder natürlichen Landmarken im Innen- und Außenbereich. In *SmartVision, Fraunhofer Institut für Produktionstechnik und Automatisierung (IPA)*, Stuttgart, Germany, April 2008.

[60] T. Oggier, R. Kaufmann, M. Lehmann, P. Metzler, M. Schweizer G. Lang, M. Richter, B. Büttgen, N. Blanc, K. Griesbach, B. Uhlmann, K.-H. Stegemann, and C. Ellmers. 3D-Imaging in Real-Time with Miniaturized Optical Range Camera. In *OPTO Conference*, Nurnberg, 2004.

[61] S. Oprisescu, D. Falie, M. Ciuc, and V. Buzuloiu. Measurements with ToF Cameras and Their Necessary Corrections. *IEEE Sym. on Signals Circuits & Systems (ISSCS), session on Alg. for 3D ToF-cameras*, pages 221–224, 2007.

[62] M. Paintner and V. Hauser. 2D/3D - Kamerasysteme für Fahrerassistenz- und Sicherheitsfunktionen. In *PMD[vision] Day 2008*, Munich, Germany, November 2008.

[63] Panasonic Electric Works Co., Ltd. D-Imager, 2009.

[64] H. Pannhoff. Untersuchung zur Reduzierung des Streulichtverhaltens. Technical report, 2007.

[65] J. Papadoudis. Entwicklung eines Kalibrierverfahrens für drei-dimensionale, phasenbasierte Lichtlaufzeit-Messsysteme. Bachelor thesis, Leuphana Universität Lüneburg, August 2009.

[66] S.-B. Park. *Optische Kfz-Innenraumüberwachung*. PhD thesis, University Duisburg, Germany, December 1999.

[67] F. L. Pedrotti, L.S. Pedrotti, W. Bausch, and H.Schmidt. *Optik für Ingenieure*. Springer, Berlin, 4th edition, 2002. ISBN 978-3540734710.

[68] PMDTechnologies GmbH. *PMD[vision] O3 (Datenblatt)*, 2009.

[69] PMDTechnologies GmbH. *PMD[vision] S3 (Datenblatt)*, 2009.

[70] H. Rapp. Experimental and Theoretical Investigation of Correlating TOF-Camera Systems. Diplomarbeit, University of Heidelberg, Faculty for Physics and Astronomy, September 2007.

[71] H. Rapp, M. Schmidt, and B. Jähne. Charakterisierung von Laufzeitkameras, Rauschreduzierung und 3D-Bewegungsschätzung. In *SmartVision*, Stuttgart, Germany, 2008.

[72] T. Ringbeck. Möglichkeiten und Limitationen von PMD Laufzeitkameras. In *Dortmunder Regelungstechnische Kolloquien*, 2008.

[73] T. Ringbeck and B. Hagebeuker. A 3D Time of Flight Camera for Object Detection. In *Optical 3-D Measurement Techniques*, ETH Zurich, Switzerland, July 2007.

[74] T. Ringbeck, B. Hagebeuker, H. Kraft, and M. Painter. PMD-basierte 3D-Optosensoren zur Fahrzeugumfelderfassung. In *Sensoren im Automobil*, September 2007.

[75] B. E. A. Saleh and M. C. Teich. *Fundamentals of Photonics*. Wiley & Sons, 2nd edition, 2007. ISBN 978-0471358329.

[76] P.-L. Sandbrink. Vergleichstest Bouncer, 2006. http://www.fotodesign-sandbrink.de/text/test/bouncer/index.html.

[77] T. Schamm, S. Vacek, K. Natroshvilli, J. M. Zöllner, and R. Dillmann. *Hinderniserkennung und -verfolgung mit einer PMD-Kamera im Automobil*. Springer, Berlin Heidelberg, 2008.

[78] I. Schiller, Ch. Beder, and R. Koch. Calibration of a PMD-Camera using a planar calibration pattern together with a Multi-Camera Setup. In *Proceedings of the ISPRS Congress*, Bejing, China, 2008.

[79] M. Schmidt and H. Hoepken. Überwachung von stationären Sicherheitszonen. In *SmartVision, Fraunhofer Institut für Produktionstechnik und Automatisierung (IPA)*, Stuttgart, Germany, April 2008.

[80] B. Schneider. *Der Photomischdetektor zur schnellen 3D-Vermessung für Sicherheitssysteme und zur Informationsübertragung im Automobil*. PhD thesis, Universität-Gesamthochschule Siegen, Fachbereich Elektrotechnik und Informatik, July 2003.

[81] H. Schöpp, A. Stiegler, Dr. T. May, M. Paintner, Javier Massanell, and Dr. B. Buxbaum. 3D-PMD Kamerasysteme zur Erfassung des Fahrzeugumfelds und zur Überwachung des Fahrzeug-Innenraums. 2007.

[82] R. Schwarte. 3D-Kamera nach Laufzeitverfahren. National Patent DE4439298A1, June 1996.

[83] R. Schwarte. Verfahren und Vorrichtung zur Bestimmung der Phasen- und/oder Amplitudeninformation einer elektromagnetischen Welle. Natioanl Patent DE19704496A1, March 1998.

[84] R. Schwarte. Device and method for detecting the phase and amplitude for electromagnetic waves. International Patent WO/99/60629A1, November 1999.

[85] T. Spirig. *Smart CCD/CMOS Based Image Sensors with Programmable, Real-time, Temporal and Spatial Convolution Capabilities for Applications in Machine Vision and Optical Metrology*. PhD thesis, ETH Zurich, Switzerland, No. 11993, 1997.

[86] J. Stelter. Bildsensoren mit Tiefgang Anwendungen in der Automatisierungstechnik: Erfahrungen und Perspektiven. In *PMD[vision] Day 2008*, Munich, Germany, November 2008.

[87] T. Thöniß. Abbildungsfehler und Abbildungsleistung optischer Systeme. 2004. http://www.winlens.de/pdf/papers/Abbildungsfehler.pdf.

[88] K. D. Tönnies. *Grundlagen der Bildverarbeitung*. Pearson Studium, 2005. ISBN 978-3827371553.

[89] J.J. Yoon, C. Koch, and T.J. Ellis. ShadowFlash: An approach for shadow removal in an active illumination environment. In *British Machine Vision Conference (BMVC2002)*, pages 636–645, Cardiff, UK, September 2002.

[90] Z. Zhang. A Flexible New Technique for Camera Calibration. (22):1330–1334, 2000.

Index

Grunddaten, 73

Halbleiterebene
    Funktionsprinzip der Ladungsschaukel, 27
    Rauschverhalten, 31
    Steigerung der Messgenauigkeit, 33

Konstruierte Szenen, 73

Mathematische Grundlagen
    Entferungsinformation, 16

Messergebnisse
    Charakteristika
        Bewegungsartefakte, 106
        Blendung, 104
        Signal-Rausch-Verhältnis, 102
        Temperaturverhalten, 101
        Unterschiedliche Umgebungsbedingungen, 106
    Prinzipbedingte Messfehler
        Abbildungsfehler, 110
        Abtastung des Messsignals, 110
        Laterale Kalibrierung, 110
    Streulicht
        -kompensierung (Algorithmus), 123
        -unterdrückung (Optik), 114

Messfehler
    Prinzipbedingte Messfehler
        Abbildungsfehler, 43, 110
        Abtastung des Messsignals, 49, 110
        Intensitätsmessung, 54
        Laterale Kalibrierung, 43, 110

Messsystem
    Charakteristika, 38
        Bewegungsartefakte, 41, 106
        Blendung, 41, 104
        Signal-Rausch-Verhältnis, 40, 102
        Temperaturverhalten, 38, 101
        Unterschiedliche Umgebungsbedingungen, 42, 106

Oberflächenerfassung

Laufzeit
    Modulationsinterferometrie, 4
    optische Interferometrie, 4

Triangulation
    aktive, 4
    passive, 4

Physikalische Modellierung
    Detektor, 25
    Emitter, 21
    Szene, 23

Streulicht
    -kompensierung (Algorithmus), 87, 123
        Abdeckung des Sichtfeldes, 93
        Distanz, 91
        Objektschwerpunkt, 93
        Reflektivität, 89
    -unterdrückung (Optik), 86, 114
        Anti-Reflektionsfilter, 86
        Design der Optik, 86
        Gegenlichtblende, 86
    Einflussfaktoren
        Abstand zur Objektkante, 81
        Hintergrunddistanz, 80
        Hintergrundreflektivität, 80
        Integrationszeit, 82
        Objektgeometrie, 77
        Objektorientierung, 79
        Objektreflektivität, 76
        Objektschwerpunkt, 78
        Verdeckung des Sichtfeldes, 78
    Mathematisches Modell, 68
    Ursache
        Mehrfach-Reflektion, 82
        Objekte in geringem Abstand, 75

Über den Autor

Steffen Klein wurde am 31. Dezember 1980 in Lüneburg, Deutschland, geboren. Nach Abschluss seines Studiums der Angewandten Automatisierungstechnik an der Fachhochschule Nordostniedersachsen, wurde Steffen Klein im Jahr 2005 Angestellter der Inosens GmbH (bzw. deren Vorgänger *kochtec.com*), einem Ingenieurbüro, spezialisiert auf die Entwicklung und Applikation von optischen Sensorsystemen.

Als Projektingenieur und -leiter war er schwerpunktmäßig in den Bereichen Eingebettete Systeme und drei-dimensionalen Lichtlaufzeitmessung tätig. Nachdem im Oktober vergangenen Jahres der Geschäftsführer der Inosens GmbH den Ruf an eine norddeutsche Fachhochschule annahm, wurde er dessen Nachfolger. Hier findet ein Großteil seiner wissenschaftlichen Arbeit statt.

Parallel zu seiner beruflichen Tätigkeit begann er im Anschluss an sein Studium eine Promotion am Institut für Produkt- und Prozessinnovation der Leuphana Universität Lüneburg bei Prof. Prof. h.c. Dr. rer. nat. Anthimons Georgiadis.

Steffen Klein